生命
百科

常见木本植物

生命百科编委会　编著

中国大百科全书出版社

图书在版编目（CIP）数据

常见木本植物 / 生命百科编委会编著 . -- 北京 ：中国大百科全书出版社，2025. 1. --（生命百科）.
ISBN 978-7-5202-1825-2

Ⅰ . Q949.4-49

中国国家版本馆 CIP 数据核字第 2025P262U3 号

总 策 划：刘　杭　郭继艳
策划编辑：王　阳
责任编辑：张会芳
责任校对：梁嬿曦
责任印制：王亚青
出版发行：中国大百科全书出版社有限公司
地　　址：北京市西城区阜成门北大街 17 号
邮政编码：100037
电　　话：010-88390811
网　　址：http://www.ecph.com.cn
印　　刷：唐山富达印务有限公司
开　　本：710mm×1000mm　1/16
印　　张：10
字　　数：100 千字
版　　次：2025 年 1 月第 1 版
印　　次：2025 年 1 月第 1 次印刷
书　　号：ISBN 978-7-5202-1825-2
定　　价：48.00 元

—— 总　序

这是一套面向大众、根植于《中国大百科全书》第三版（以下简称百科三版）的百科通俗读物。

百科全书是概要记述人类一切门类知识或某一门类知识的完备的工具书。它的主要作用是供人们随时查检需要的知识和事实资料，还具有扩大读者知识视野和帮助人们系统求知的教育作用，常被誉为"没有围墙的大学"。简而言之，它是回答问题的书，是扩展知识的书。

中国大百科全书出版社从 1978 年起，陆续编纂出版了《中国大百科全书》第一版、第二版和第三版。这是我国科学文化建设的一项重要基础性、标志性、创新性工程，是在百年未有之大变局和中华民族伟大复兴全局的大背景下，提升我国文化软实力、提高中华文化国际影响力的一项重要举措，具有重大的现实意义和深远的历史意义。

百科三版的编纂工作经国务院立项，得到国家各有关部门、全国科学文化研究机构、学术团体、高等院校的大力支持，专家、学者 5 万余人参与编纂，代表了各学科最高的专业水平。专家、作者和编辑人员殚精竭虑，按照习近平总书记的要求，努力将百科三版建设成有中国特色、有国际影响力的权威知识宝库。截至 2023 年底，百科三版通过网站（www.zgbk.com）发布了 50 余万个网络版条目，并陆续出版了一批纸质版学科卷百科全书，将中国的百科全书事业推向了一个新的高度。

重文修武，耕读传家，是我们中国人悠久的文化传承。作为出版人，我们以传播科学文化知识为己任，希望通过出版更多优秀的出版物来落实总书记的要求——推动文化繁荣、建设中华民族现代文明，努力建设中国式现代化强国。

为了更好地向大众普及科学文化知识，我们从《中国大百科全书》第三版中选取一些条目，通过"人居环境""科学通识""地球知识""工艺美术""动物百科""植物百科""渔猎文明""交通百科"等主题结集成册，精心策划了这套大众版图书。其中每一个主题包含不同数量的分册，不仅保持条目的科学性、知识性、准确性、严谨性，而且具备趣味性、可读性，语言风格和内容深度上更适合非专业读者，希望读者在领略丰富多彩的各领域知识之时，也能了解到书中展示的科学的知识体系。

衷心希望广大读者喜爱这套丛书，并敬请对书中不足之处给予批评指正！

《中国大百科全书》编辑部

"生命百科"丛书序

　　生命的诞生源自生物分子的出现，历经生物大分子、细胞、组织、器官、系统至个体、种群、人类的过程。在宏观进化链中，生物进化范畴的最顶端是人类的出现。

　　从个体大小上讲，生命体有高大的木本植物，有低矮的草本植物，还有能引起人类或动植物疾病的真菌、细菌、病毒等微生物。从生活空间上讲，生命体有广布全球的鸟，有在水中自由自在的鱼等。从感官上讲，生命体有香气宜人的植物，也有赏心悦目的花。从发育学上讲，有变态发育的动物（胚胎发育过程中形态结构和生活习性有显著变化的动物，也称间接发育动物），如昆虫；也有直接发育的动物（胚后发育过程中幼体不经过明显的变化就逐渐长成成体的动物），如包括人类在内的哺乳动物、鸟类、鱼类和爬行类等。有的生命体还是治疗其他动植物疾病的药，如以药用动植物为主要原料的药物等。为维持生命体健康地生长与发育，认识疾病、诊断疾病、治疗疾病很有必要。

　　为便于读者全面地了解各类生物，编委会依托《中国大百科全书》第三版生物学、作物学、园艺学、林业、植物保护学、草业科学、渔业、畜牧、现代医学、中医药等学科内容，组织策划了"生命百科"丛书，编为《常见木本植物》《常见草本植物》《香气宜人的植物》《赏心悦目的花》《广布全球的鸟》《自由自在的鱼》《变态发育的昆虫》《认识人体》《常见的疾病》《常见的疾病诊断方法》《治疗百病的药——

现代药》《治疗百病的药——中医方剂》等分册,图文并茂地介绍了各类生命体及与人类健康相关知识。

希望这套丛书能够让更多读者了解和认识各类生命体,起到传播生命科学知识的作用。

生命百科丛书编委会

目　录

第1章　乔本植物　1

△第2章△ 灌木植物 61

△第3章△ 木质藤本植物 91

第 4 章 半灌木植物 121

第1章

乔本植物

白　桦

　　白桦是桦木科桦木属乔木。白桦产于中国东北、华北，以及河南、陕西、宁夏、甘肃、青海、四川、云南、西藏东南部。

　　白桦高可达 27 米。树皮灰白色，分层剥裂。枝条暗灰色或暗褐色，无毛。小枝暗灰色或褐色，无毛亦无树脂腺体，疏被毛和疏生树脂腺体。叶厚纸质，三角状卵形、菱形，顶端锐尖、渐尖，基部截形，边缘具重锯齿。叶柄细瘦，无毛。果序单生，圆柱形或矩圆状圆柱形，下垂，长 2～5 厘米，直径 6～14 毫米。序梗细瘦，长 1～2.5 厘米，密被短柔毛，成熟后近无毛。果苞长 5～7 毫米，背面密被短柔毛，至成熟时毛渐脱落，边缘具短纤毛，基部楔形或宽楔形，中裂片三角状卵形，顶端渐尖或钝，侧裂片卵形或近圆形，直立、斜展至向下弯。

白桦

小坚果狭矩圆形、矩圆形或卵形，长 1.5 ～ 3 毫米，宽 1 ～ 1.5 毫米，背面疏被短柔毛，膜质翅较果长约 1/3。

白桦适应性强，分布甚广，尤喜湿润土壤，为次生林的先锋树种。

白桦木材可供一般建筑及制作器具之用，树皮可提桦油，在民间白桦皮常用以编制日用器具。本种易栽培，可为庭园树种。

白皮松

白皮松是松科松属一种乔木。又称白骨松、三针松、白果松、虎皮松、蟠龙松、蛇皮松。为中国特有树种。

◆ 分布

白皮松主要分布于中国北纬 29°55′～ 38°25′，东经 103°36′～ 115°17′，横跨暖温带、北亚热带和中亚热带。白皮松天然林水平分布区域相对较广，分布呈现明显的不连续性，属于小面积块状分布。白皮松遍及甘肃南部，陕西西部、西南部，山西中部、南部及西南部，河南南部、西南部，四川北部、西北部，湖南北部，湖北北部、西部及西北部等 7 个省、自治区。在北京、河北、辽宁、山东、青海等地有引种栽培。

◆ 形态特征

白皮松为常绿乔木，高达 30 米，胸径可达 2 ～ 3 米。树冠一般呈塔型、圆顶型和散开型 3 种类型。树皮灰白色、粉白色或白、黄相间，呈不规则鳞片状脱落。幼树树皮平滑，灰绿色，老树树皮不规则鳞片脱落后露出粉白色内皮，斑驳美观。针叶 3 针一束，长 5 ～ 10 厘米。一年生枝灰绿色，无毛。雌雄同株，雄花无梗生于新枝基部，多数集成穗状。球果单生，第二年9～11月成熟。球果长5～7厘米，直径4～6厘米。种子灰褐色，近倒卵圆形，长约1厘米，直径0.5～0.6厘米。白皮松寿命长达数百年。

◆ **生长习性**

白皮松为深根性树种，主根明显、根系庞大，根系具菌根菌共生。高生长旺盛期一般在10年以后，高峰出现在20～30年，40年以后生长趋于缓慢。而直径生长在10年后迅速上升，高峰期在50～60年。白皮松喜光，幼苗期稍耐阴，抗性强，病虫害少，能适应干旱瘠薄的立地条件。白皮松具有较强的抗寒性，能在酸性石质山地及石灰岩地区生长，在土层深厚、肥沃的钙质土或黄土上生长良好，但要求土壤通透性良好，在排水不良或积水地段不能生长。此外，白皮松对二氧化硫及烟尘等污染有较强的抗性，对病虫害也有较强的抵抗能力。

◆ **培育技术**

白皮松多采用播种育苗，在实践中也可采用嫁接育苗和扦插育苗。不同种源的休眠程度不同，可根据当地种源特点选择适宜的催芽方法。幼苗生长缓慢，一般需经2～3次移植后出圃。注意对立枯病、松落叶病、种蝇和松大蚜病的防控。在山西、河南、陕西、甘肃海拔1000米（或1800米）以下山地及平原地区，及华北地区800米以下的阴坡或阳坡均可造林。北京山区低山阳坡厚土的立地条件适宜白皮松造林，在平原地区造林时以透气透水的沙壤土为好，同时要避开盐碱土和建筑渣土。用于城市绿化的，可在公园、庭院、小区或街道等土壤深厚、通透性良好的地段栽植绿化。在园林景观绿化中，可通过孤植、对植、行列栽植、丛植和林植等方式来形成独特景色。

◆ 用途

白皮松树形优美、挺拔苍翠，老年枝干色如白雪形如龙，是中国华北及其他适生区城市、庭园、四旁美化绿化的珍贵树种，也是山区或干旱地区造林的优良树种，也是森林公园、风景区优化

北京潭柘寺白皮松

配置的首选树种之一。用材上，白皮松一般用作建筑板材、家具、文具。此外，在高档用材或特殊用材方面具有很大的潜力，白皮松还具有重要的化工、食用和药用价值。

红 松

红松是松科松属一种。又称海松、果松。是中国东北林区的主要森林树种之一。

◆ 分布

红松产于中国东北长白山区、吉林山区及小兴安岭爱辉以南海拔150～1800米气候温寒、湿润、棕色森林土地带。为小兴安岭、张广才岭、长白山区及沈阳丹东线以北地区的主要造林树种。俄罗斯、朝鲜、日本也有分布。

◆ **形态特征**

红松为高大乔木，树皮灰褐色或灰色，纵裂成不规则的长方鳞状块片，脱落后露出红褐色内皮。针叶5针一束，边缘具细锯齿，背面通常无气孔线，腹面每侧具6～8条淡蓝灰色的气孔线；树脂道3个，中生；叶鞘早落。雄球花红黄色，椭圆状圆柱形，多数密集于新枝下部呈穗状；雌球花绿褐色，圆柱状卵圆形，直立，单生或数

红松

个集生于新枝近顶端，具粗长的梗。球果圆锥状，成熟后种鳞不张开或微张，种子不脱落；种鳞菱形，向外反曲，鳞盾表面有皱纹，鳞脐不显著；种子大，无翅或顶端及上部两侧微具棱脊。花期6月，球果第二年9～10月成熟。

◆ **生长习性**

红松喜光性强，对土壤水分要求较高，不宜过干、过湿的土壤及严寒气候。红松适宜在温寒多雨、相对湿度较高的气候与深厚肥沃、排水良好的酸性棕色森林土上生长。

◆ **培育技术**

红松通过播种、嫁接、扦插繁殖均可。

◆ **主要用途**

红松为优良的用材树种，质轻软，纹理直，结构细，耐腐力强，

易加工，可供建筑、舟车、桥梁、枕木、电杆、家具、板材及木纤维工业原料等用材。木材及树根可提松节油。树皮可提栲胶。种子可食用，含脂肪油及蛋白质，可榨油供食用，或供制肥皂、油漆、润滑油等用；亦可供药用（中药"海松子"即指红松的种子，为滋养强壮剂）。

◆ **系统位置、多样性与保护**

《中国植物志》记载有两种自然类型：粗皮红松与细皮红松。在郑万钧系统和克里斯滕许斯裸子植物分类系统（荷兰植物学家 M. 克里斯滕许斯提出）中均隶属于松科松亚科松属，但前者松亚科仅含松属 1 属；后者除松属外，黄杉属、落叶松属、银杉属、云杉属均归入松亚科。

火炬松

火炬松是松科松属一种。是中国南方重要造林树种和工业用材树种。

◆ **名称来源**

火炬松属名 *Pinus* 来自原始印欧语 peyH-，意为脂肪；种加词 *taeda* 是拉丁语中火炬的意思。

◆ **分布**

火炬松原产于北美洲东南部。中国庐山、南京、马鞍山、富阳、安吉、闽侯、武汉、长沙、广州、桂林、南宁、柳州、梧州等地有引种栽培，生长良好。

◆ **形态特征**

火炬松为乔木。树皮鳞片状开裂，近黑色、暗灰褐色或淡褐色；冬芽褐色；无树脂。针叶3针一束，稀2针一束，蓝绿色，树脂道通常2个，中生。球果卵状圆锥形或窄圆锥形，基部对称，无梗或几无梗，熟时暗红褐色；种鳞的鳞盾横脊显著隆起，鳞脐隆起延长成尖刺；种子卵圆形，长约6毫米，栗褐色，种翅长约2厘米。

◆ **生长习性**

火炬松喜光、喜温暖湿润，适生于年均温11.1～20.4℃，绝对最低温度不低于-17℃地区；多分布于山地、丘陵坡地的中部至下部及坡麓；对土壤要求不严，能耐干燥瘠薄的土壤；怕水湿，不耐盐碱，喜酸性和微酸性的土壤，pH在4.5～6.5生长最好。

◆ **培育技术**

火炬松一般采用播种繁殖。采种时应选10～20年生、阔冠粗枝型、无病虫害的健壮母树，选择土壤肥沃、湿润、疏松的沙壤土、壤土作圃地，点播育苗。

◆ **系统位置**

在郑万钧系统和克里斯滕许斯裸子植物分类系统（荷兰植物学家M.克里斯滕许斯提出）中均隶属于松科松亚科松属，但前者松亚科仅含松属1属，而后者除松属外，黄杉属、落叶松属、银杉属、云杉属均归入松亚科。

◆ **主要用途**

火炬松是一重要的速生用材树种，可供船舶、桥梁、建筑、坑木、枕木等用；并生产优良松脂。

马尾松

马尾松是裸子植物松目松科松属的一种。

◆ 分布

马尾松分布于中国东南部、河南、陕西、长江中下游各地区，南达福建、广西、广东、台湾，西至四川，西南至贵州和云南等地。平原和山区均有分布，一般生长于中低海拔地区，很少超过 2000 米。

◆ 形态特征

马尾松是常绿乔木，高可达 45 米，胸径可达 1.5 米，树冠宽塔形。

针叶，2 针一束，暗绿色，细柔，稍扭曲，长 12 ～ 20 厘米，横切面可见 4 ～ 7 个边生的树脂道，中央具 2 条维管束。叶鞘宿存，长 1.5 ～ 2 厘米。雌雄同株，球花单性，

马尾松植株

雄球花圆柱形，多个聚生于新长枝基部；雌球花单生或 2 ～ 4 个生于新枝顶端。4 ～ 5 月开花。球果卵圆形或圆锥状卵形，长 4 ～ 7 厘米，直径 2.5 ～ 4 厘米，球果翌年 10 ～ 12 月成熟，成熟时褐色；种鳞的鳞脐微凹，无刺尖；种子长卵圆形，长 4 ～ 6 毫米，具 10 ～ 15 毫米长翅。

◆ **生长习性**

马尾松喜光和温暖湿润气候，也能生于干旱瘠薄的红壤和石砾沙质土，为荒山恢复森林的先锋树种。

◆ **系统位置**

马尾松属于松属松亚属，与黄山松的关系近缘，两者存在天然杂交群体。马尾松有 3 个变种，包括马尾松原变种、雅加松和沙黄松。

◆ **主要用途**

马尾松木材可作建筑、枕木、家具和木纤维工业的原料，树干可提取松脂，树皮可制取栲胶。为中国长江以南重要的荒山造林树种。

油 松

油松是松科松属树种。又称黑松、短叶松。油松为中国特有树种，中国北方地区最主要的造林树种之一。油松地理分布广泛，树姿雄伟，枝叶繁茂，适应性强，根系发达，具有良好的保持水土和保护环境、美化环境的功能。

◆ **分布**

油松在中国主要分布在北纬 31°00′～44°00′，东经101°30′～124°25′。北至内蒙古阴山，西至宁夏贺兰山、青海祁连山、大通河、湟水流域一带，南至川甘接壤地区向东达陕西秦岭、黄龙山、河南伏牛山，山西太行山、吕梁山，河北燕山，东至山东泰山、蒙山。分布区域地跨辽宁、内蒙古、河北、北京、天津、山西、陕西、宁夏、甘肃、青海、四川、湖北、河南、山东等 14 个省（自治区、直辖市）。

◆ **形态特征**

油松为常绿针叶乔木，树高可达 40 米，胸径可达 2.5 米，树冠塔形、卵圆形或圆柱形。树皮灰褐色、黄褐色、灰黑色或红褐色。树皮为鞍裂、纵裂、片状剥落等形态开裂。针叶 2 针 1 束，雌雄同株，种鳞木质，常宿存树上数年不落。种子卵圆形或长卵圆形，长 6～8 毫米，淡褐色或深褐色，有翅，翅长约 1 厘米。花期 4～5 月，翌年 9～10 月种子成熟。

◆ **培育技术**

油松造林须遵循栽培区划，选择栽培区种源或相近种源，最好选择种子园良种。油松的培育主要分为育苗技术和栽培技术两大类。

◆ **育苗技术**

油松的育苗有苗圃育苗和容器育苗两大类。①苗圃育苗。选择地势平坦、土壤肥沃、土层深厚、灌溉方便、pH7.5 以下、排水良好、土壤质地以沙壤和壤土的地段作为苗圃。油松育苗连作效果好，但如发病率较高时不宜再连作。油松幼苗不耐水淹，多采用高床作业。可用福尔马林、硫酸亚铁、五氯硝基苯等药物进行土壤消毒。也可用辛硫磷乳油拌种（1000 ∶ 3），或用辛硫磷颗粒剂，每亩用药 2～2.5 千克，可有效杀除蛴螬、蝼蛄等地下害虫。油松春播育苗为主，适当早播为宜。播种方式可用条播，条幅 5～10 厘米，条间距 20 厘米。播种量为每亩 15～27 千克。覆土厚度 1～1.5 厘米，然后稍加镇压。适宜的育苗密度为每亩保留 15 万～20 万株。②容器育苗。育苗基质配方为草炭土 50%、蛭石 30%、珍珠岩 20%，或松林表土和蛭石各 50%。此外，每立方米土壤加过磷酸钙 2.3 千克、硫酸钾 1.7 千克、硫酸镁和硫酸锰各 50 克、高锰酸钾 10 克、硼酸 25 克。营养土配制时切忌使用未腐熟的有机肥和蔬菜地的土壤。每杯播 7 ～ 8 粒种子，并覆盖沙土 1 厘米左右。播后需经常浇水，保持营养土经常湿润。

◆ **栽培技术**

油松种子一般在春季播种，八九月份雨季即可上山造林。立地选择在海拔 800 米以上的中山为好，低海拔不适宜在干旱阳坡。常用的整地方法有：水平条、水平沟整地、鱼鳞坑整地和反坡梯田整地。油松山地造林比较合理的密度是 420 ～ 1650 株 / 公顷，按造林区域所处的气候带、立地条件和经营条件的不同分别确定。

油松春季造林应用较广，应掌握适时偏早的原则，即在土壤解冻后尽快栽植。造林以穴植法为主，要求做到穴大根舒、深植埋实。裸根苗造林中，要求在起苗、包装、运输中保护好苗根，不受风吹日晒，不受热发霉，不受机械损伤；栽植中防止窝根；栽植后保证苗木与土壤的紧密接触。油松飞机播种造林应用广泛。

◆ **用途**

油松是城市园林绿化和营造名胜古迹风景林的好树种，是山地沟壑营造水源涵养、水土保持等防护林的优良树种。油松木材属硬松类，其木材较坚硬，强度大，耐摩擦，纹理直，可作建筑、桥梁、矿柱、枕木、电杆、车辆、农具、造纸和人造纤维等用材。油松树干可采割松脂，提制松节油和松香，树皮可提取栲胶。针叶可提取挥发油，油残渣可提取松针栲胶。松花粉（含淀粉 20%）外用为撒粉剂，可防治汗疹，也可作创伤止血剂，更是高级营养保健品。

华北落叶松

华北落叶松是松科落叶松属一种乔木。又称落叶松、雾灵落叶松。中国特产树种。

◆ 分布

华北落叶松产于中国河北北部、北京郊区和山西高山地带，以及辽宁南部和内蒙古南部。

◆ 形态特征

华北落叶松高可达 30 米，胸径 1 米；树皮暗灰褐色，不规则纵裂成小块片脱落；大枝平展，树冠圆锥形。1 年生长枝淡褐色或淡褐黄色，幼时有毛，后脱落，有白粉，2 ～ 3 年生枝灰褐色或暗灰褐色；短枝灰褐色或深灰色，顶端叶枕间有黄褐色柔毛。叶窄条形，长 2 ～ 3 厘米，宽约 1 毫米，先端尖或微钝，上面平，间或每侧有

华北落叶松

1 ～ 2 条气孔线，下面中脉两侧各有 2 ～ 4 条气孔线。球果长圆状卵形或卵圆形，长 2 ～ 4 厘米，径约 2 厘米，熟时淡褐色或淡灰褐色，有光泽，种鳞 26 ～ 45，中部种鳞近五边状卵形，先端平，圆或微凹，边缘有不规则缺齿，不反曲，背面无毛；苞鳞短，不露出，仅球果基部的苞鳞露出。种子斜倒卵状椭圆形，长 3 ～ 4 毫米，灰白色，连翅长约 1 ～ 1.2 厘米。花期 4 ～ 5 月，球果 10 月成熟。

◆ **生长习性**

华北落叶松适生于年平均气温 -4 ～ -2℃、1 月平均气温 -20℃左右的高寒气候，分布于年降水量 600 ～ 800 毫米的山地棕壤、山地灰棕壤、淋溶褐色土、褐色土、浅栗钙土的环境。以肥沃湿润的山地棕壤生长最好。最喜光，根系发达。

◆ **培育技术**

华北落叶松以种子繁殖为主，为华北地区高山针叶林区中的主要森林物种，常被用于人工造林。

◆ **主要用途**

华北落叶松木材淡黄色或淡褐色，坚韧致密，含树脂，有芳香，抗腐力强可供建筑、桥梁、电杆、舟车、器具、家具及木纤维工业原料等用。树皮可提取栲胶。华北落叶松还是中国黄河流域和辽河上游高山森林更新和荒山造林树种。

柏 木

柏木是柏科柏木属常绿乔木。又称香扁柏、垂丝柏、黄柏。为中国特有树种。

◆ **分布**

柏木分布很广，产于中国浙江、福建、江西、湖南、湖北西部、四川北部及西部大相岭以东、贵州东部及中部、广东北部、广西北部、云南东南部及中部等地；以四川、湖北西部、贵州栽培最多，生长旺盛；江苏南京等地有栽培。柏木在华东、华中地区分布于海拔 1100 米以下，在四川分布于海拔 1600 米以下，在云南中部分布于海拔 2000 米以下。

◆ 形态特征

柏木高达 35 米，胸径 2 米。树皮淡褐灰色，裂成窄长条片；小枝细长下垂，生鳞叶的小枝扁，排成一平面，两面同形，绿色，宽约 1 毫米，较老的小枝圆柱形，暗褐紫色，略有光泽。鳞叶二型，长 1 ～ 1.5 毫米，先端锐尖，中央之叶的背部有条状腺点，两侧的叶对折，背部有棱脊。雌雄同株。花期 3 ～ 5 月。球果和种子第二年 5 ～ 6 月成熟。果柄细长而常屈曲，每果鳞表面有卵状之小突起，其下有 5 ～ 6 粒种子。种鳞 4 对，木质，顶部有尖头。

◆ 生长习性

柏木喜温暖湿润的气候条件，在年平均气温 13 ～ 19℃、年降水量 1000 毫米以上且分配比较均匀、无明显旱季的地方生长良好。喜钙，土层深厚的中性、微碱性、微酸性的钙质紫色土、石灰性紫色土、黄褐土均适宜其生长。柏木耐干旱瘠薄，也稍耐水湿，特别是在土层浅薄的钙质紫色土和石灰土上也能正常生长。柏木为较喜光树种，需有充足的上方光照方能生长，但能耐侧方庇荫。主根浅细，侧根发达。耐寒性较强，少有冻害发生。

◆ 培育技术

柏木常以播种育苗繁殖。果实成熟后，在种鳞微开裂时采集，采后将球果曝晒 2 ～ 3 天即可脱粒。以春播为主，也可秋播，宜随采随播。采用条播方式，每公顷播种量 90 ～ 120 千克，播后覆草，保持苗床湿润。柏木适应性强，宜营造用材林。在干旱薄土上，可营造以柏木为主的水土保持林。植苗造林,栽植季节可选4～5月或9～10月阴雨连绵的时期。尽量营造混交林,可选用桤木作为混交树种。主要病害为赤枯病(油头病)。害虫有条毒蛾,为害严重时可吃光树叶;松叶蜂幼虫为害种实也很严重。

◆ 用途

柏木心材黄褐色,边材淡褐黄色或淡黄色,纹理直,结构细,质稍脆,耐水湿,抗腐性强,有香气,比重0.44～0.59,可供建筑、造船、车厢、器具、家具等用材;枝叶可提芳香油;还因枝叶浓密,小枝下垂,树冠优美,常作为园林绿化及庭园树种。

枫 杨

枫杨是胡桃科枫杨属落叶乔木。又称大叶柳。

◆ 分布

枫杨广泛分布于中国南亚热带和暖温带地区,东起台湾、福建、浙江,西至甘肃文县、四川、云南,南起广东沿海,北至河北遵化,共跨越17个省、自治区。多垂直分布在海拔500米以下,但在四川、云南等省可达1000米以上,在秦岭可达1500米。中心栽培区为长江中下游地区。

◆ 形态特征

枫杨高可达30米,胸径可达1米。裸芽,密被锈褐色毛,雄花芽具短柄,卵状椭圆形。羽状复叶,叶轴有窄翅,顶生小叶有时不发育,小叶9～23片,矩圆形或窄椭圆形,叶缘具细锯齿,下面脉腋有星状毛。雌雄同株,雄花序生于叶腋,雌花序生于枝顶。果序下垂,坚果近球形,两侧具矩圆形果翅。

◆ 生长习性

枫杨为喜光树种，不耐庇荫。耐湿性强，但不耐长期积水和水位太高之地。深根性树种，主根明显，侧根发达。萌芽力很强，生长很快。枫杨对有害气体二氧化硫及氯气的抗性弱。

◆ 培育技术

枫杨以播种育苗繁殖为主，也可采用扦插或压条法繁殖。8月上旬果实成熟，可随采随播，也可去翅晾干或拌沙贮藏，春季播种。造林宜选择地势平坦、水源充足、排水良好、土壤深厚肥沃的沙壤地，通常用于四旁栽植，或营造小片纯林。培育干形优良的枫杨防风护堤林，初植密度为株行距2米×3米，5～6年后进行隔株间伐；四旁栽植为3米×4米。造林后可以耕代抚，在秋冬季节生长停止时或早春进行整形与修枝。伐根萌芽力很强，采伐后可采用萌芽更新。枫杨主要病害有白粉病、丛枝病，主要害虫有黑跗眼天牛、桑雕象鼻虫、枫杨灰褐圆蚧和柳白圆蚧等。

◆ 用途

枫杨木材材色灰褐色至褐色，纹理常具交错结构，材质轻软，容易加工，主要用作房屋、桥梁、家具、农具、茶叶箱，以及火柴和人造棉的原料。树皮内皮层含纤维素多（60%～80%），纤维拉力大（平均20千克），可制上等绳索。树皮煎水可治疗疥癣和麻风溃疡。在血吸虫危害地区，常用树叶杀灭钉螺。枫杨枝叶茂密，根系发达，是护岸林和行道树的优良树种，也是重要园林绿化树种。

美洲黑杨

美洲黑杨是双子叶植物纲金虎尾目杨柳科杨属一种植物。又称东方三角叶杨。美洲黑杨种加词 *deltoides* 意为正三角形的，指叶形。美洲黑杨是一种速生、丰产的杨树树种，寿龄在 70～100 年。

◆ 分布

美洲黑杨原产于北美洲，主要分布在美国东部、中部及西南部，加拿大东南部及墨西哥东北部。中国主要在华北平原、长江中下游平原及四川盆地有引种栽培。

◆ 形态特征

美洲黑杨为乔木，高可达 55 米。干直，深纵裂，灰褐色。小枝圆柱形或五角形，黄褐色，后变为棕褐色，略粗糙，无毛或具稀疏长毛。冬芽黄绿色，具黄色，略有香气的黏液；花芽在小枝上彼此分离。叶柄侧扁，与叶片成直角，长 3～8 厘米，与叶片几乎等长。叶三角状阔卵形，长 3～9 厘米，宽 3～9 厘米，长宽比（4∶5）～（6∶5），基部平截、宽楔形或心形，先端长渐尖或有短突尖；边缘具 10～30 稀疏的圆锯齿，半透明，有缘毛；浅绿色至灰绿色；无毛。柔荑花序，有花 15～40，排列较稀疏，苞片深裂，无缘毛。花梗长 1～13 毫米。花盘碟形，不倾斜，全缘；雄花具雄蕊 30～40；子房卵形，柱头 2～4 裂。蒴果卵形，无毛，3 或 4 瓣裂；每瓣具种子 7～10 枚。

◆ 生长习性

美洲黑杨喜松软、湿润的土壤，在气候温暖、降水量丰沛的地区生长迅速。中国栽培的美洲黑杨主产区主要在湖南、湖北、四川、

安徽、江苏等地，年平均气温 16 ～ 18℃，极端低温 -2 ～ 14℃，
≥ 10℃的年积温高于 5100℃·日，年降水量 1100 ～ 1600 毫米，
全年无霜期 264 ～ 280 天。在北方的山东、山西、河北、辽宁等地
年生长量较低。

◆ 主要用途

美洲黑杨可作为用材林、防护林树种。

山　杨

山杨是双子叶植物纲金虎尾目杨柳科杨属一种乔木。是中国特有的
森林树种。山杨名称最早出自《中国树木分类学》。

◆ 分布

山杨原产于中国，分布广泛，常形成天然次生林。在中国东
北、华北、华中、西北及西南各地区山地广泛分布，分布范围在北纬
25°～ 53°，东经 95°～ 130°。垂直分布方面，在中国东北，主要
分布在海拔 1200 米以下的低山地区；在青海，分布上限为 2600 米左右；
在湖北、四川、云南等地，多分布在海拔 2000 ～ 3800 米的山区。

◆ 形态特征

山杨高可达 25 米。寿龄 60 年左右。树皮光滑，灰绿色或灰白色，
老树基部黑色粗糙；树冠圆形。小枝圆筒形，赤褐色。芽卵形或卵圆形，
无毛，微有黏质。叶三角状卵圆形或近圆形，长宽近等，长 3 ～ 6 厘米，
边缘有密波状浅齿，初生叶红色，萌枝叶大，三角状卵圆形，下面被
柔毛；叶柄侧扁，长 2 ～ 6 厘米。花序轴有疏毛或密毛；苞片棕褐色，

掌状条裂，边缘有密长毛；雄花序长
5～9厘米，雄蕊5～12，花药紫红色；
雌花序长4～7厘米；子房圆锥形，
柱头2深裂。果序长达12厘米；蒴果
卵状圆锥形，有短柄，2瓣裂。花期3～4
月，果期4～5月。

◆ **生长习性**

山杨的适应性很强，耐寒、耐旱、
耐贫瘠土壤，常生长在高海拔的山脊

山杨

或山坡。对土壤要求不严，在微酸性至中性土壤皆可生长。山杨是典型
的阳性树种，作为森林生态系统中的先锋树种，山杨往往在森林遭到破
坏之后形成天然次生林，尤其在采伐迹地或火烧迹地，常形成山杨桦木
林。山杨克隆繁殖能力强，多以根萌的形式形成块状分布。多倍体变异
现象在山杨的天然种群中比较常见，很多研究发现了三倍体山杨。

◆ **培育技术**

山杨多以种子或以根蘖的方式繁殖，扦插不易成活。

◆ **主要用途**

山杨主要作为用材林、水土保持林树种。山杨在荒山绿化和保持水
土方面有重要作用；初生叶颜色鲜艳，可作为彩叶树种营造景观。

垂　柳

垂柳是杨柳科柳属落叶乔木。又称柳树。垂柳分布于中国长江流域

与黄河流域，各地普遍栽培。

垂柳

垂柳高 12 ～ 18 米，胸径 1 米，树冠开展而疏散。树皮灰黑色，不规则开裂。枝细长下垂，淡褐黄色、淡褐色或带紫色，嫩枝无毛。芽线形，先端急尖，无顶芽。叶互生，狭披针形或线状披针形，长 9 ～ 16 厘米，宽 0.5 ～ 1.5 厘米，先端长渐尖，基部楔形，具羽状脉，无毛或微有毛；叶上面绿色，下面色较淡，边缘有细锯齿；叶柄长 3 ～ 10 毫米，有短柔毛。花序先于叶开放，或与叶同开。雄花序长 1.5 ～ 3 厘米，有短梗，轴有毛，雄蕊 2，花丝分离，花药红黄色，苞片披针形，外面有毛，腺体 2；雌花序长 2 ～ 5 厘米，有梗，基部有 3 ～ 4 小叶，轴有毛，花柱短，柱头 2 ～ 4 深裂，苞片披针形，长 1.8 ～ 2.5 毫米，外面有毛，腺体 1。蒴果 2 裂，长 3 ～ 4 毫米，带绿黄褐色。花期 3 ～ 4 月，果期 4 ～ 5 月。

垂柳喜光，较耐寒，耐水湿，也能生于干旱处，对土壤要求不严。根系发达，萌芽力强，生长迅速。抗有毒气体，可吸收二氧化硫。

垂柳常种植于道旁、水边等，为优美的绿化树种，也适用于工厂绿化，还是固堤护岸的重要树种。垂柳木材韧性大，可用于制作家具；枝条可编篮、筐、箱等；树皮含鞣质，可提制栲胶；叶可作羊饲料；枝、叶、花、果及须根均可入药。

馒头柳

馒头柳是杨柳科柳属落叶乔木。馒头柳以中国黄河流域为栽培中心，分布于东北、华北、华东、西北等地，为新疆常见树种。馒头柳是旱柳的一种变型。

馒头柳高达 18 米，树冠半圆形，如同馒头状。树皮暗灰黑色，有裂沟，分枝较密，枝条端稍齐整。无顶芽。叶互生，披针形，长 5～10 厘米，宽 1～1.5 厘米，具羽状脉。花叶同时开放，雄花序圆柱形。果序长达 2.5 厘米。花期 4 月，果期 4～5 月。

馒头柳

馒头柳喜光，耐旱，耐寒，耐水湿，耐修剪，抗病虫害，耐盐碱，具有很强的适应性。生长快。

馒头柳遮阴效果较好，可作庭荫树、行道树、护岸树，常栽培在河湖岸边或孤植于草坪，对植于建筑物两旁，是造林绿化的重要树种之一，其枝叶也是良好的饲料来源。

刺　槐

刺槐是蝶形花科刺槐属落叶乔木。又称洋槐。因其具有较强的适应性、生长的速生性和用途的多样性被许多国家广泛引种栽培，与桉树、杨树一起被称为世界上引种最成功的三大树种之一。

◆ 分布

刺槐原产美国东部阿巴拉契亚山脉和欧扎克山脉一带，1601 年被引入欧洲，1877 年作为庭院观赏树从日本首先引到南京栽植，但数量很少。1898 年，刺槐作为造林树种从德国大量引入中国青岛，此后被广泛栽培。在中国广布于辽宁铁岭；内蒙古呼和浩特、包头以南；福州以北；台湾、江苏、浙江沿海以西；以及新疆石河子、伊宁、阿克苏、叶城，青海西宁，四川雅安，云南昆明以东地区。栽培区域在北纬 23°～46°、东经 86°～124°范围内的 27 个省、自治区、直辖市。在黄河中下游、淮河流域的黄土高原塬面、沟坡、土石山坡中下部、山沟、黄泛细沙地、海滨细沙地及轻盐碱地（含盐量 0.3% 以下）多集中成片栽植，生长旺盛。垂直分布：从渤海、黄海之滨到海拔 2100 米的黄土高原都有广泛栽植，在华北地区以 400～1200 米的地方生长最好。刺槐已成为中国温带地区的主要造林树种，栽培遍及华北、西北和南部的广大地区，而以黄河中下游和淮河流域为中心。

◆ 种类

刺槐全属约 20 种，除刺槐栽培较普遍外，部分庭园栽植同属种有毛刺槐和新墨西哥刺槐。常见刺槐变种有伞刺槐、无刺槐、红花刺槐等。此外，中国、匈牙利、韩国等国还培育有数十种不同特点的刺槐栽培品种。以下介绍均以刺槐为主。

◆ 形态特征

刺槐最高达 30 米，胸径可达 1.1 米。树皮灰褐色至黑褐色，纵裂。小枝光滑，有托叶刺。奇数羽状复叶，互生，小叶窄椭圆形或卵形，

质地薄，两面光滑无毛。蝶形花，总
状花序长 10 ～ 20 厘米，花冠白色，
具清香气，雄蕊 10 枚。荚果长 4 ～ 10
厘米，扁平。种子扁肾形，黑色或褐色，
常带较淡色的斑纹。

◆ **生长习性**

刺槐系喜光树种，不耐荫蔽。
喜温暖湿润气候，不耐寒冷。原产
地为湿润气候区，年平均降水量

刺槐

1000 ～ 1500 毫米，7 月份平均气温 20 ～ 26.5℃，1 月份平均气温
1.7 ～ 7.2℃，每年无霜期 140 ～ 220 天。在中国年平均气温 8 ～ 14℃、
年降水量 500 ～ 900 毫米的地方，生长良好，干形较通直；在年平均气
温 5 ～ 7℃、年降水量 400 ～ 500 毫米的地方，幼龄刺槐及 1 ～ 3 年生
枝条常受冻害，树干分叉早而弯曲；在年平均气温低于 5℃、年降水量
低于 400 毫米的地方，地上部分年年冻死，翌春又重新萌发新枝，多呈
灌木状态。刺槐对土壤要求不严，最喜土层深厚、肥沃、疏松、湿润的
粉沙土、沙壤土和壤土。对土壤酸碱度也不敏感，无论在中性土、酸性
土，还是含盐量 0.3% 以下的盐碱土上都能正常生长发育。但在底土过
于坚硬黏重、排水通气不良的黏土、粗沙土、薄层土上，生长不良。土
壤水分充足时生长快，干形直。刺槐具有一定的抗旱能力，但在久旱不
雨的严重干旱季节，往往枯梢，甚至大量死亡。不耐水湿，土壤水分过
多时常发生烂根和紫纹羽病，以致整株死亡。刺槐怕风，栽植在风口处

的林木生长缓慢，干形弯曲，容易发生风折、风倒、倾斜或偏冠。

刺槐生长快，是世界上重要的速生阔叶树种之一。树冠浓密。主根不发达，一般在距地表 30～50 厘米处发出数根粗壮侧根，根深可达 1.4 米，也有达 6～8 米的。水平根系分布较浅，多集中于表土层 5～50 厘米内，放射状伸展，交织成网状。结实早且产量丰富。3～6 年生幼树即可开花结实，每隔 1～2 年种子丰收一次，15～40 年生时，大量结实，40 年后逐渐衰退。刺槐栽植后第 2～6 年是树高旺盛生长的高峰期，每年高生长量可达 1.0～2.5 米，约持续 3～4 年。直径的旺盛生长期出现在 5～10 年，每年平均生长 0.9～2.7 厘米，较好立地条件下的旺盛生长期持续时间长。材积生长的旺盛期在 15～20 年以后，在较好的立地条件下能保持 40 年以上。

◆ 培育技术

刺槐以播种繁殖为主。秋季，荚果由绿色变为赤褐色，荚皮变硬呈干枯状，即为成熟，应适时采种，并经日晒、除去果皮、秕粒和夹杂物，取得纯净种子。荚果出种率为 10%～20%，千粒重约为 20 克，发芽率为 80%～90%。选择有水浇条件、排水良好、深厚肥沃的沙壤土育苗最好。土壤含盐量要在 0.2% 以下，地下水位大于 1 米。育苗忌连作，可与杨树、松树等轮作。种皮厚而坚硬，播种前须经热水浸种处理。以春播为主，但在春季特别干旱的地方，也可雨季播种。畦床条播或大田式播种均可。

刺槐最适生的造林地为具有壤质间层的河漫滩地，在地表 40～80 厘米以下有沙壤至黏壤土的粉沙地、细沙地，土层深厚的石灰岩和页岩山地，黄土高原沟谷坡地。但风口地、含盐量在 0.3% 以上的盐碱地、地下水位高于 0.5 米的低洼积水地、过于干旱的粗沙地、重黏土地等均不宜栽植刺槐。造林方法因地而异。在冬、春季多风、比较干燥寒冷的地区，可在秋季或早春采用截干造林；在气候温暖湿润而风少的地方，可在春季带干造林。造林密度要适宜。刺槐与杨树、白榆、臭椿、侧柏、紫穗槐等混交造林，林木生长量大，病虫害少。混交方式以带状为好。在中国北方地区的成熟年龄一般为 20 ～ 30 年，在好的立地条件下为 40 年。

刺槐受刺槐蚜、刺槐尺蠖、小皱椿、刺槐种子小蜂等多种害虫为害。小皱蝽为害严重时，可使幼树整株枯死。刺槐蚜是嫩梢、幼叶的重要害虫。刺槐尺蛾、桑褶翅尺蛾等都是主要的食叶害虫。刺槐种子小蜂是种子的主要害虫，被害率可高达 80% 以上。刺槐常见病害有紫纹羽病、刺槐干腐病和刺槐花叶病。紫纹羽病病原菌通过土壤侵染刺槐根部，感病严重时，根部腐烂，树冠枯死或风倒。刺槐干腐病病原菌通过侵染刺槐主干内皮层，引起输导组织腐烂，为害枝干，造成枯枝或整株枯萎而亡。刺槐花叶病由车前草花叶病毒（RMV）引起，表现为叶片变窄变长，严重者呈线条状，小枝形成枝条丛生现象。

◆ 用途

刺槐木材材质重而坚硬。木材超负荷时的破坏面呈纤维状犬牙交错，破坏过程时间较长。当所受负荷达到抗压极限强度的 70% 以上时，就产生咯吱咯吱的警戒响声；压力继续增加，咯吱声可以传到几米以外。这种优良特性最适宜于矿柱用材。木材坚韧，很适用于桥梁构件、机械部件、车轮、工具把柄、车轴、运动器材等，木材耐磨性能强，适于作地板、滑雪板、木橇、农具零件、枕木等。耐腐朽力强，适于水工、土工、造船、海带养殖等用材。枝丫、树根易燃，火力旺，发热量大，着火时间长，是上等薪炭材。叶可作饲料和沤制绿肥；花是上等蜜源，畅销于市场上的槐花蜜，具有香味适度、结晶慢的特点。

臭　椿

臭椿是苦木科臭椿属阔叶落叶乔木。又称椿树。

臭椿主产亚洲东南部，分布广泛。在中国，以黄河流域为中心，西至陕西、甘肃、青海，南至长江流域各地，向北至辽宁南部，华北各地、西北地区均有栽培。

◆ 形态特征

臭椿干形端直，合轴分枝。一回奇数羽状复叶，齿顶有腺点，有臭味。雌雄同株或异株。圆锥花序顶生，白绿色，花期4～6月。翅果，扁平，倒卵形或纺锤形。种子位于中央。9～10月成熟，熟时果实淡褐色或灰黄褐色。

◆ 培育技术

臭椿系喜光、阳性树种，生长较快，适应性强；耐干旱、瘠薄，但不耐水湿，长期积水会烂根致死；能耐中度盐碱土，在土壤含盐量达0.3%情况下，幼树生长良好；

臭椿

对微酸性、中性和石灰性土壤都能适应，在瘠薄的山地或淤积的沙滩及轻盐碱地均可生长，喜排水良好的沙壤土；对烟尘和二氧化硫及有毒气体抗性较强，是光肩星天牛的免疫树种。温水浸种催芽，播种育苗。植苗造林，干旱多风地区可秋季截干造林。

◆ **用途**

臭椿树皮、嫩枝叶、根含有多种驱虫、杀虫、治癌的生物活性物质。臭椿冠大荫浓、树干挺直，在园林绿化中广为应用，是干旱、半干旱地区的主要造林、绿化树种。主要病虫害有臭椿白粉病、沟眶象和臭椿沟眶象等。

楸　树

楸树是紫葳科梓属落叶乔木。又称金丝楸、楸。

楸树分布于中国黄河流域及长江流域，尤以江苏、河南、山东、陕西中部与南部分布最为普遍。多散生于村前宅后及沟谷与山坡中下部。

楸树高 8 ～ 12 米。叶三角状卵形或卵状长圆形，顶端长渐尖，基部截形。叶柄长 2 ～ 8 厘米。顶生伞房状总状花序，有花 2 ～ 12 朵，粉紫色，内有紫色斑点。蒴果线性，长 25 ～ 55 厘米。种子狭长椭圆形，两端生长毛。花期 5 ～ 6 月，果期 6 ～ 10 月。

楸树

楸树性喜肥土，稍耐盐碱，不耐干旱瘠薄，也不耐水湿。可用播种育苗繁殖，亦可用根蘖、嫁接、扦插等方法繁殖。

楸树生长迅速，树干通直，木材坚硬，为良好的建筑用材；还可栽培作观赏树、行道树。

鹅掌楸

鹅掌楸是木兰科鹅掌楸属乔木。鹅掌楸分布于中国浙江、江苏、安徽、江西、湖南、湖北、四川、贵州、广西、云南等地。

鹅掌楸高可达40米，胸径1米以上，小枝灰色或灰褐色。叶马褂状，长4～12（18）厘米，近基部每边具1侧裂片，先端具2浅裂，叶背面苍白色，叶柄长4～8（～16）厘米。花杯状；花被片9，外轮3片绿色，萼片状，向外弯垂，内两轮6片、直立；花瓣状倒卵形，长3～4厘米，绿色，具黄色纵条纹；花药长1.0～1.6厘米，花丝长0.5～0.6厘米，花期时雌蕊群超出花被之上；心皮黄绿色。聚合果长7～9厘米，具翅的小坚果长约6毫米，顶端钝或钝尖，具种子1～2颗。花期5月，果期9～10月。

鹅掌楸

鹅掌楸喜光及温和湿润气候，较耐旱，在-15℃低温可不受伤害。喜深厚肥沃、适湿而排水良好的酸性或微酸性土壤，在干旱土地上生长不良，忌低湿水涝。鹅掌楸多用种子繁殖，但发芽率较低。也可扦插繁殖，成活率较高。

鹅掌楸树干挺直，树冠伞状，叶形奇特，是优美的庭荫树和行道树树种。花淡黄绿色，适宜种植于园林中安静休息区的草坪上。秋色呈黄色，是极佳的赏叶树种。可孤植或群植，也可与木荷、山核桃、板栗等混交栽植。鹅掌楸木材淡红褐色，材质细致、纹理通直，易加工，不易干裂变形或少变形，可供建筑、家具及细木工使用。叶和树皮可入药。

核桃楸

核桃楸是胡桃科核桃属树种。又称胡桃楸、楸子、山核桃。

核桃楸分布于中国、俄罗斯远东地区及朝鲜北部。在中国主要分布于小兴安岭、完达山脉、长白山区及辽宁东部，多散生于海拔300～800米的沟谷两岸及山麓，与其他树种组成混交林，大兴安岭林区东南部及河北、河南、山西、甘肃等地也有少量分布。

◆ 形态特征

核桃楸为落叶乔木，喜光，耐寒。树干通直，树冠宽卵形，树皮灰色。奇数羽状复叶，叶痕猴脸形。雌雄同株，花期5～6月，果8～9月成熟。深根性树种，适宜生长在土层深厚、肥沃、排水良好的山中下腹或河岸腐殖质多的湿润疏松土壤上。

◆ 苗木繁殖

核桃楸苗木繁殖有播种育苗和植苗栽植两种方法。①播种育苗。可秋播或春播。秋播可在采种后至封冻前进行，春播要混沙保湿贮藏，播种方式主要为垄播和床播。应选择土壤深厚肥沃、疏松、排水良好、坡度要小于 15°的山坡中下部。②植苗栽植。宜采用 1 ~ 2 年生苗,春季应顶浆造林,秋季应在土壤冻结前完成栽植。与针叶树种带状混交增产效应明显。秋季直播造林在采种后至封冻前进行,春播造林则需要对种子进行催芽处理后播种。每穴播种 2 ~ 3 粒,每公顷 4000 穴左右。注意防止鼠害。

◆ 抚育技术

核桃楸造林经过幼苗期,林分郁闭度达到 0.7 以上时,应开始透光伐。首先选择目标树,伐除影响目标树生长的干扰树,透光伐以促进林木个体生长为目标。修枝一般 10 年左右开始,保留树冠占全高 2/3 ~ 3/5,修枝一般 2 ~ 3 次。间伐可根据林木生长与密度变化状况确定,第一次抚育间伐可选在 15 ~ 20 年,以后每 5 ~ 8 年一次。在保证目标树能更好生长的同时,要调整好林内的种间关系。一是通过间伐对森林密度进行调整。二是提高优质树种的比例。主伐与更新主要采用择伐结合林下更新的方式,择伐成熟木实现收获并形成结构合理的复层异龄混交林。

二球悬铃木

二球悬铃木是悬铃木科悬铃木属落叶乔木。又称英国梧桐、悬铃木。

悬铃木于 1640 年前后发现于英国伦敦,是单球悬铃木(美国梧桐)和三球悬铃木(法国梧桐)的天然杂种。因果实球形,下垂如铃,故名。悬铃木树大浓荫,抗性强,能适应城市街道的不良条件,是理想的行道树和庭荫树,为"世界五大行道树"之一。在欧美得到广泛栽培,在日本被誉为"街树之王"。19 世纪末被引入中国上海，在"法国租界"种植较多，叶似梧桐，因而又常被误称为法国梧桐。

二球悬铃木树高可达 35 米，胸径可达 1.3 米左右。树皮呈不规则大片块状脱落，内皮灰绿色而光滑，幼枝及幼叶密生灰黄色茸毛。叶阔卵形，掌状 3～5 裂。雌雄同株，头状花序，花单性。果球通常 2 枚，生于长柄上。

二球悬铃木喜光，不耐阴，较耐寒。萌芽力强，耐修剪，生长迅速。对土壤要求不严，但以排水性良好、肥沃的中性或微酸性壤土最适宜，在微碱性或石灰性土中常生长不良。在中国，长江和淮河流域为适宜栽培地区。二球悬铃木以扦插繁殖为主，也可用种子繁殖，春播前将种子低温沙藏 20 天后播种。

二球悬铃木

悬铃木广泛用作行道树和庭荫树，也可孤植于草坪、空旷地或列植甬道两旁，任其自然生长，尤为壮观。除氯气和氯化氢外，对其他多种有毒气体抗性较强，可用于工矿区绿化。木材硬度适中，纹理平滑，削面光泽，适于旋刨单板，为胶合板、刨花板、纤维板家具和建筑等用材。每年修剪下的枝条可用于人工培养银耳。

酒瓶椰

酒瓶椰是棕榈科酒瓶椰属常绿乔木。又称酒瓶椰子、酒瓶棕。

酒瓶椰原产于马斯克林群岛，是一种典型的热带棕榈植物。中国海南、广东、福建、广西、云南等地有引种栽培。其茎干在近地面处稍细，向上逐渐增粗，近冠茎处又收缩变细，形如酒瓶，因此被称为酒瓶椰。

酒瓶椰茎单生，最大茎粗可达40～70厘米。叶羽状，全裂，羽片披针形，长约45厘米，叶色淡绿，叶质坚挺，背面有鳞片。叶柄长30～40厘米。雌雄同株。花序见于冠茎下，花黄绿色。果椭圆形，成熟时为黑褐色。种子椭圆形。

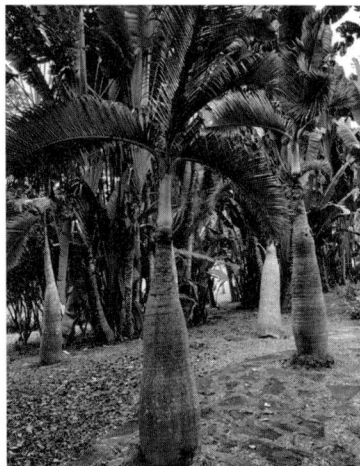

酒瓶椰

酒瓶椰喜高温、湿润、半阴的环境，耐盐碱、怕寒冷、不耐涝。以排水良好，富含有机质的土壤为佳。酒瓶椰采用播种繁殖，主要病害有心腐病、叶斑病，受红棕象甲危害严重。

酒瓶椰子树形奇特，其下部膨大的茎干形如酒瓶，非常美观，故常用于园林绿化的行道树或草坪庭院的点缀，也可盆栽用于装饰宾馆的厅堂和大型商场。

合　欢

合欢是豆科合欢属落叶乔木。合欢原产于亚洲及非洲，分布于中国自黄河流域至珠江流域的广大地区。

合欢高可达16米，树冠扁圆形，常呈伞状。小枝有棱角，嫩枝、花序和叶轴被茸毛或短柔毛。2 回偶数羽状复叶，总叶柄近基部及最顶一对羽片着生处各有 1 枚腺体。羽片 4 ~ 12 对，小叶 10 ~ 30 对，线形至长圆形，长 6 ~ 12 毫米，宽 1 ~ 4 毫米，中脉紧靠上边缘，叶背中脉处有毛。头状花序于枝顶排成圆锥花序。花粉红色，花萼管状，裂片三角形，长 1.5 毫米，花萼、花冠外均被短柔毛。荚果带

合欢

状，长 9 ~ 15 厘米，宽 1.5 ~ 2.5 厘米，嫩荚有柔毛，老荚无毛。花期 6 ~ 7 月，果期 8 ~ 10 月。

合欢喜光，耐寒性稍差，耐干旱、瘠薄，对土壤要求不严，不耐水涝。常用播种繁殖。

合欢可作城市行道树、观赏树，也可作庭荫树，植于林缘、房前、草坪、山坡等地。树皮及花可入药，有安神、活血、止痛等功效。木材纹理通直，质地细密，可作家具、农具等的用材。

胡 杨

胡杨是双子叶植物纲金虎尾目杨柳科杨属一种。又称胡桐。胡杨适应内陆地区干旱气候,是中国西北荒漠地区广泛分布的树种。寿龄 200 年以上。

◆ 分布

胡杨原产于中亚、中东、北非及中国西北部。在世界上，胡杨的主

要分布区在中亚、西亚、北非。中国西北部干旱荒漠地区有分布，主要在新疆、甘肃、青海、内蒙古（西北部）等地，其中天然胡杨林主要集中在南疆塔里木盆地。

◆ **形态特征**

胡杨系乔木，高 10～15 米，稀灌木状。树皮淡灰褐色，下部条裂；萌枝细，圆形。芽椭圆形，光滑，褐色，长约 7 毫米。苗期和萌枝叶披针形或线状披针形，全缘或不规则的疏波状齿牙缘；成年树小枝泥黄色，枝内富含盐分，嘴咬有咸味。叶形多变化，卵圆形、卵圆状披针形、三角状卵圆形或肾形，先端有粗齿牙，基部楔形、阔楔形、圆形或截形，有 2 腺点；叶两面同色；叶柄微扁，约与叶片等长，萌枝叶柄极短，长仅 1 厘米。雄花序长 2～3 厘米，轴有短茸毛，雄蕊 15～25，花药紫红色，花盘膜质，边缘有不规则牙齿；苞片略呈菱形，长约 3 毫米，上部有疏牙齿。雌花序长约 2.5 厘米，子房长卵形，被短茸毛或无毛，子房柄约与子房等长；柱头浅裂，鲜红或淡黄绿色。果序长达 9 厘米，蒴果长卵圆形，长 10～12 毫米，2～3 瓣裂。花期 5 月，果期 7～8 月。

胡杨

◆ **生长习性**

胡杨是生长在荒漠地区的长寿树种，对干旱气候有很强的适应性，其习性主要表现在以下 5 个方面：①喜光。胡杨是荒漠河滩裸地上成林的先锋树种，幼树在郁闭的林下生长不良。②喜温、耐寒、耐高温。胡杨分布范围的年平均气温在 5 ～ 13℃，可耐受 −35℃的极端低温和 40℃的极端高温，能够适应 ≥ 10℃年积温在 2000 ～ 4500℃·日的温带荒漠气候，在 ≥ 10℃年积温 4000℃·日以上的暖温带生长最为旺盛。③耐盐碱。胡杨是一种泌盐植物，植株含盐量很高。在土壤含盐量在 2% 以下时，胡杨能正常生长；在 2% ～ 3.5% 时，胡杨生长较好；在 3.5% ～ 5% 时，胡杨生长受到抑制。④喜湿润、耐大气干旱。胡杨侧根发达，主要依靠侧根吸收土壤水分；叶厚，革质，表面有蜡质覆盖，小枝具蜡质且有短毛，这些性状有利于减少植株水分的散失。⑤耐风沙、耐腐蚀。胡杨的侧根发达而庞大，加之树干短粗，树冠稀疏，不容易被风吹倒；胡杨树皮较厚，木材耐腐蚀能力强。因此，胡杨在新疆有着"千年不死，死后千年不倒，倒后千年不朽"的说法。胡杨主要靠种子繁殖，扦插繁殖较难。

◆ **主要用途**

胡杨主要作为防护林、用材林树种。胡杨的木质坚硬耐腐，可用作建筑和家具用材；树叶富含蛋白质，营养丰富，可做饲料使用；木材纤维长，是优良的造纸原料。

润　楠

润楠是樟科润楠属常绿乔木。润楠原产于中国四川。

润楠高可达 40 米以上。顶芽卵形，鳞片外面密被灰黄色绢毛。叶互生，革质，全缘，椭圆形或椭圆状倒披针形，长 5 ～ 10 厘米，先端渐尖或尾状渐尖，叶上面无毛，下面有贴伏小柔毛。具羽状脉，叶脉在上面凹下，在叶下明显凸起，侧脉在两边均不明显。圆锥花序生于嫩枝基部，花小带绿色，花被片6，排成2轮。果扁球形，

润楠叶

黑色，果下有宿存反曲的花被裂片。花期4～6月。

润楠树干挺直，具广阔的伞形树冠，可作行道树与庭园树；因其材质优良，细致芳香，可供建筑、贵重家具和细工用。

火力楠

火力楠是木兰科含笑属常绿乔木。又称醉香含笑。

火力楠天然分布于中国广东和广西交界处，越南北部也有分布，在长江一带及长江以南各地均有广泛种植。因其芽、嫩枝、叶柄、托叶及花梗均被紧贴而有光泽的红褐色短茸毛，从远观之似一团火焰，故名火力楠。

火力楠树高可达35米，胸径1米以上。树皮呈灰褐色，表型上有粗皮和光皮两种。叶革质，倒卵形或椭圆状倒卵形。花单生于叶腋，花被片白色，芳香。聚合果长3～5厘米；蓇葖果倒卵状长圆体形或倒卵圆形，顶端钝圆。种子常见1～4粒，少见5或6粒，扁卵圆形，假种皮红色，种壳黑色。1月中旬开花，果实10月下旬至12月上旬成熟。种子千粒重60～100克。

火力楠一般天然垂直分布在海拔 500 ～ 600 米以下的山谷至低山地带，呈小片纯林或散生，具备一定的天然更新能力。适应性强，能耐 -7℃ 低温，引种到长江流域一带生长表现良好。火力楠生长较快，15 年生林分平均胸径达 20 ～ 30 厘米，30 年生胸径可达 45 ～ 60 厘米。

火力楠育苗方式主要为播种育苗，亦可组织培养快繁育苗。1 年生苗植苗造林，造林地宜选择土层较厚、通透性良好、湿润的中下坡，密度为 825 ～ 1650 株 / 公顷。纯林种植很少发生病虫害，亦可与其他树种进行混交造林。与针叶树马尾松和杉木等混交造林或间种，可以有效提高林分生产力，改善林地生态环境，增强林分抗逆性。

火力楠是中国南方重要的乡土珍贵用材和多功能树种，是培育大径级用材的理想树种，可作为高端家具和建筑等用材；假种皮和种子富含植物油，在香料、医药、日用化工等方面有着重要用途；也适宜作为园林绿化及防火、改良土壤、涵养水源的树种。

三角枫

三角枫是槭树科槭属落叶乔木。三角枫是中国原产树种，中国长江中下游地区、黄河流域多有栽培。

三角枫高 5 ～ 10 米。树皮褐色或深褐色，粗糙。小枝细瘦，当年生枝紫色或紫绿色，近于无毛；多年生枝淡灰色或灰褐色，稀被蜡粉。冬芽小，褐色，长卵圆形，鳞片内侧被长柔毛。叶纸质，基部近于圆形或楔形，外貌椭圆形或倒卵形，长 6 ～ 10 厘米，通常浅 3 裂，裂片向前延伸，稀全缘，中央裂片三角卵形，急尖、锐尖或短渐尖；侧裂片短

三角枫

钝尖或甚小，以至于不发育，裂片边缘通常全缘，稀具少数锯齿；裂片间的凹缺钝尖；上面深绿色，下面黄绿色或淡绿色，被白粉，略被毛，在叶脉上较密；初生脉 3 条，稀基部叶脉也发育良好，致成 5 条，在上面不显著，在下面显著；侧脉通常在两面都不显著。叶柄长 2.5 ～ 5 厘米，淡紫绿色，细瘦，无毛。花期 4 月，果期 8 月。

三角枫喜光，稍耐阴，喜温暖湿润气候，稍耐寒，较耐水湿，耐修剪。树系发达，根蘖性强。

三角枫秋叶暗红色或橙色，宜作庭荫树、行道树及护岸树种，也可栽作绿篱。

山桐子

山桐子是大风子科山桐子属落叶阔叶树。又称水冬瓜、椅桐、油葡萄。

◆ 分布

山桐子横跨亚热带与暖温带，广泛分布于海拔 200 ～ 2500 米的山坡、山洼等落叶阔叶林和针阔叶混交林中，为东亚特有种。

◆ 形态特征

山桐子系乔木，高 8 ～ 21 米，树干通直，枝条近轮生，树冠呈层状。叶纸质，卵形或心状卵形，或为宽心形，长 8 ～ 25 厘米，宽 5 ～ 20 厘米，叶缘有锯齿；叶柄长 6 ～ 15 厘米，绿色或红褐色，着生有 1 ～ 4 对腺体。花序为圆锥花序，下垂，长 15 ～ 50 厘米；花黄色，单性或杂性，雌雄异株或同株，有芳香；雄花无花瓣，雄蕊多数；雌花比雄花稍小，直径约 9 毫米，卵形。浆果球形或椭圆形，长 7.80 ～ 10.44 毫米，宽 7.16 ～ 8.84 毫米，熟时红色或橘黄色。种子圆形或近圆形，绿褐色。花期 4 ～ 5 月，果熟期 10 ～ 11 月。

◆ 生长习性

山桐子为中性偏阴树种，幼树耐阴，喜温暖湿润气候，较耐寒，耐旱，对土壤要求不严，但在土层深厚、肥沃、湿润的沙质壤土中生长良好。不同分布区的山桐子顶芽均具有适应冬季寒冷干燥的冬休眠特性，具有广域的气候适应特征，适应不同气候进化出了不同的遗传变异类型，种质资源丰富。在年降水量在 500 ～ 2000 毫米、年均气温 12.0 ～ 18.0℃、≥ 10℃的积温 4240 ～ 5579℃·日、-10.1 ～ 48℃的气候条件下，均能生长。

◆ 培育技术

山桐子繁育以播种育苗为主，也可以扦插、嫁接、组培等方式育苗。确保播种苗繁育成功的关键是种子的有效低温处理技术（5 ～ 15℃湿润处理 20 ～ 80 天，因种源而异）；扦插育苗以春季根插为主，使用 2 ～ 3 年生实生苗根段截成 10 厘米长、0.5 ～ 3 厘米粗的插穗直插即可。

山桐子人工林营造应选择坡度不大于 25°的低山半阳坡或阳坡，土层厚度 30 厘米以上，土壤 pH 在 6.5 ～ 7.5，排水良好的地区；采用块状、带状梯田或穴状整地；苗木选择 1 ～ 2 年 Ⅰ ～ Ⅱ 级苗，春秋两季栽植，不同地区可根据气候做适当调整；栽植密度为（4～6）米 ×（4～6）米；裸根苗或长途运输后，可采取蘸泥浆、生根粉处理等措施。园林绿化大苗移栽要求带土球，适当修剪树冠，保留顶芽。

由于山桐子树冠呈分层形，树冠通风透光良好，一般不需要特别的林木抚育。但采用矮化密植模式经营能源林或木本粮油经济林时需要进行适当修剪整形。春季造林定植后，第 1 年进行平茬或在 30 厘米高处截干促其成活、抽生高干壮苗，形成健壮侧枝，然后任其自然生长 3～4年，形成 3～4 层轮生枝，树高 4～6 米后进行去顶截干，形成侧枝发达均匀分布树冠呈圆锥形的种实生产林；如果苗木质量较好，春季造林后可以不平茬，任其自然生长 3～4 年后再进行去顶截干。

◆ 用途

山桐子为重要的园林绿化、木本油料与生物质能源树种。果实含油率高，可食用，属于高端保健油品，也可生产生物柴油，被誉为"美丽的树上油库"；果实为红色串状浆果，秋季叶落后，成熟果实仍宿存树枝上。

石　栗

石栗是被子植物真双子叶植物金虎尾目大戟科石栗属的一种。名出《南方草木状》，因果实形状貌似栗子，坚硬如石而得名。

石栗原产于马来西亚及夏威夷群岛，广泛分布于亚洲热带、亚热带地区。中国江西、福建、台湾、广东、海南、广西、云南等地有引种栽培。

石栗为常绿乔木，高达 18 米。嫩枝密被灰褐色星状微柔毛，成长枝近无毛。单叶互生，叶纸质，卵形至椭圆状披针形，长 14 ～ 20 厘米，宽 7 ～ 17 厘米，全缘或 3 ～ 5 浅裂，嫩叶两面被星状微柔毛，成长叶上面无毛，下面疏生星状微柔毛或几无毛；基出脉

石栗

3 ～ 5 条；叶柄长 6 ～ 12 厘米，密被星状微柔毛，顶端有 2 枚淡红色扁圆形腺体。花小，雌雄同株，同序或异序，组成顶生的圆锥花序；花萼在开花时 2 ～ 3 裂；花瓣长约 6 毫米，乳白色至乳黄色；雄花具雄蕊 15 ～ 20 枚；雌花子房密被星状微柔毛，常 2 室，花柱 2 枚，2 深裂。核果近球形或稍偏斜的圆球状，长约 5 厘米，具 1 ～ 2 粒种子。种子圆球状，侧扁，种皮坚硬，有疣状突棱。花期 4 ～ 10 月。

　　石栗生长迅速，对市区环境适应能力强。加上其树干挺直，树冠浓密，有很好的遮阴功能，是城市优良的行道树。种子含油量达 26%，供肥皂、油漆、油墨等工业用油。种子外形似贝壳的化石，可做成装饰品。其树干也可用作木材。

无患子

　　无患子是无患子科无患子属的一种。又称木患子、洗手果。无患子在中国天然分布北到河南新乡，南至海南，东到浙江、台湾，西至云南河口、富宁等地，多散生于"四旁"及疏林地中。福建、贵州、湖南等

地有规模化栽培。

◆ **形态特征**

无患子为落叶大乔木，高可达 20 余米；单回羽状复叶，小叶近对生。顶生或侧生圆锥花絮，花分为雌能花和雄能花。果实近圆形。

◆ **生长习性**

无患子为强喜光树种，耐寒能力较强。对土壤要求不严，深根性，抗风力强；不耐水湿，耐干旱；生长较快，寿命长。

◆ **培育技术**

无患子繁殖主要采用播种育苗技术，嫁接育苗技术也较为成熟。种子需用温水浸泡处理催芽，播种育苗采用常规技术，9 月底定苗，留苗量 15 万～18 万株/公顷。嫁接育苗时，穗条粗度大于砧木时采用春、夏、秋季的嵌芽接，小于时采用春季切接，接后需不间断地及时抹芽，以促进接穗生长。

果用无患子林培育应选择适生区土层深厚、坡度平缓、立地质量等级 I～II 级的阳坡、半阳坡的造林地，一般造林立地可差一些。一般在 2～3 月造林。果用林需开梯田精细整地，栽植密度约 600 株/公顷（株行距 4 米×4 米），适量施基肥。防护林及风景林可穴状整地，密度可稍大，成林后抚育管理较为粗放。

果用林抚育管理需精细。林地每年可施肥 3 次：5 月上旬施花期肥，8 月上旬施壮果肥，12 月下旬～次年 1 月上旬施养体肥。前 2 次采用沟施法进行施肥，第 3 次以土杂肥或腐熟农家肥为主，结合抚育和垦复施入。树长至 1 米左右时进行修剪定干，剪除顶芽，矮化树形。第一年选

3 个生长健壮、方位合理的侧枝培养为主骨干枝，保证 60°开张角度；第二年在每个主枝上选留 2～3 个健壮分枝为副骨干枝；第三年至第四年将主、副骨干枝上的健壮春梢培养为侧枝群，使树冠逐渐扩展成自然开心形。冬季从落叶后到翌年春季萌芽前进行短截、疏枝等；夏季进行摘心、抹芽、除萌。无患子为虫媒传粉，盛花期在园内放置 2～3 脾的有王蜂箱，一般按照 2～3 亩/箱进行配置即可。依树势和结实量进行花果调控，喷施蔗糖、营养液肥、环割、疏花疏果等。主要病虫害有煤污病、星天牛、铃斑翅夜蛾、桑褐刺蛾等，需及时防治。

除无患子外，无患子属还有川滇无患子、毛瓣无患子、茸毛无患子等，培育和利用基本同无患子。

◆ 用途

无患子种仁含油率 40% 左右，油脂中油酸和亚油酸含量高达 62%，是生产生物柴油的优良原料树种之一，也可精炼为高档润滑油。无患子是《本草纲目》唯一记载的纯天然洗剂，其果皮中富含皂苷（含量 10%～20%），是具洗涤功能的优良天然化工原料，可制作手工皂、洗发产品、洁肤护肤品等。内含的糖苷类物质（主要为三萜皂苷类、倍半萜皂苷类）作用于人体皮肤可发挥抗菌、杀菌、消炎、抗氧化、去屑止痒等功效。现代医学研究发现其果实中胰蛋白酶抑制剂具降压功效，齐墩果三萜烯低聚糖苷对胰脂肪酶活性有抑制作用，果皮抽提物对黑色素瘤、乳腺癌具抑制作用。同时，无患子皂苷也是较好的农药乳化剂。无患子木材防腐、防虫，具有一定的开发价值。无患子秋叶金黄，是中国南方重要的园林绿化和风景林树种。

洋紫荆

洋紫荆是豆科羊蹄甲属一种落叶乔木。又称羊蹄甲、红紫荆。在中国，分布于福建、广东、广西、云南等地。越南、印度、中南半岛也有分布。

◆ **形态特征**

洋紫荆树皮暗褐色，近光滑。叶近革质，广卵形至近圆形，基部浅至深心形，有时近截形，先端2裂达叶长的1/3，裂片阔，钝头或圆，叶片羊蹄形。总状花序侧生或顶生；花期全年，3月最盛。荚果带状，扁平，具长柄及喙。本属的羊蹄甲、红花羊蹄甲也均为中国南方常见观赏树种。这3个树种较为相似，其主要区别为：羊蹄甲具能育雄蕊3枚，花瓣较狭窄，具长柄；而洋紫荆和红花羊蹄甲有能育雄蕊5枚，花瓣较阔，具短柄。前者总状花序极短缩，花后能结果；后者总状花序开展，有时复合为圆锥花序，通常不结果。

◆ **生长习性**

洋紫荆喜光照和温暖、潮湿环境，不耐寒，抗大气污染，耐旱瘠，对土壤要求不严，但宜湿润、肥沃、排水良好的酸性土壤。栽植地应选阳光充足的地方，萌生能力较强。洋紫荆是珠三角地区主要乡土观赏性乔木、速生易长、抗逆性强。在其半落叶的仲春时节，花先新叶开放。

◆ **培育技术**

洋紫荆主要采用播种育苗繁殖，但后代植株分化较大，苗木参差不齐；还可采用高空压条或扦插法繁殖育苗。在用于园林绿化时，为获得良好的遮阳效果，一般采用大苗移栽。大苗移栽前必须进行截干处理，一般截断留取主干 3 ～ 5 米，适当疏枝和截短，留分枝 0.2 ～ 1.0 米并保持一定树形便可。大苗移栽需带土坨，栽植不宜过深，否则会引起烂根；种植后须设立支架保护。由于适应性强，大苗移栽成活率极高。洋紫荆常见病害有角斑病，多从下部叶片先感病，逐渐向上蔓延扩展；枯萎病，病菌沿维管系统蔓延到植株顶端，地上部分叶片开始发黄，逐渐枯萎、脱落，并可造成枝条甚至整株枯死。

◆ **用途**

洋紫荆花美丽而略有香味，花期长，生长快，为良好的观赏及蜜源植物。根、茎皮、叶和花均可入药，茎皮作为民间用药，可以治疗消化不良和急性肠胃炎；叶可掺作饲料；花和幼果富含矿物质、维生素及氨基酸等营养物质，花具有清热解毒、止咳平喘、消炎等功效；木材坚硬，可作农具。

银 桦

银桦是山龙眼科银桦属一种，为热带、亚热带地区优良的行道树或风景树。

◆ **名称来源**

由英国植物学家 R. 布朗于 1830 年替代澳大利亚植物学家 A. 坎宁安发表。种加词 *robusta* 意为强壮有力的。

◆ **分布**

银桦原产于澳大利亚东部；全世界热带、亚热带地区均有栽种。中国云南、四川西南部、广西、广东、福建、江西南部、浙江、台湾等地的城镇栽培作行道树或风景树。

◆ 形态特征

银桦为常绿乔木，高可达 25 米。树皮暗灰色或暗褐色，嫩枝被锈色茸毛。叶 2 回羽状深裂，裂片 7 ~ 15 对，披针形，上面秃净或被稀疏绢毛，下面密被银灰色丝毛，边缘背卷。总状花序单生或数个集成圆锥花序；花呈橙黄色；花被管细长，上半部弯曲，顶部近球形；雄蕊 4 枚，着生于花被片檐部；花丝几无；花柱通常细长，

银桦

自花被管裂缝伸出，柱头常偏于一侧，盘状或有时锥状。蓇葖果木质，常偏斜，顶端宿存花柱。种子周围有膜质的翅。

◆ 生长习性

银桦喜光，喜温暖湿润气候，根系发达，较耐旱。不耐寒，遇重霜和 -4℃ 以下低温，枝条易受冻。对土壤要求不严，在肥沃、疏松、排水良好的微酸性沙壤土上生长良好，但在质地黏重、排水不良偏碱性土中生长不良；较耐干旱和水湿，根系发达，生长快。银桦耐烟尘和有毒气体，少有病虫害侵染。

◆ 培育技术

银桦一般播种繁殖。种子成熟后采下即播，发芽率达 70% 以上，若到次年春播则发芽率大大降低。1 年生苗高 30 ~ 40 厘米，3 年生苗

高 2 米以上。幼苗期间，冬季要注意防寒。移植以 7、8 月份雨季为宜，需带土球，并适当疏枝、去叶，减少蒸发，以利成活。直播造林或植苗造林均可。直播造林以秋季为主，即秋季种子成熟时随采随播，选择杂草较少且土壤较湿润的地方撒播，一般可不必覆土。植苗造林以春季为主。春季育苗时，种子需用温水（35℃左右）浸种，播后注意除草松土、灌水、遮阴，当年苗高 40 ～ 50 厘米时可出圃造林。造林地宜选择在火烧迹地、小块皆伐迹地、林缘坡地或林中空地。造林后 1 ～ 3 年内每年抚育 1 ～ 2 次，几年后即可郁闭成林。

◆ **系统位置、多样性与保护**

按照美国植物学家 A. 克朗奎斯特提出的克朗奎斯特系统分类，山龙眼科属于蔷薇亚纲山龙眼目。按 APG-IV 分类系统（由被子植物系统发育研究组建立的被子植物分类系统第四版），银桦属于蔷薇亚纲山龙眼目山龙眼科银桦亚科。

◆ **主要用途**

银桦树干通直，树冠高大整齐，花色橙黄，叶形奇特，是南亚热带优良行道树。因木材粗糙而坚硬，色淡红，纹理美观，耐腐朽，易加工，可供建筑、家具、车辆、雕刻等用。

油橄榄

油橄榄是木樨科木樨榄属常绿乔木。油橄榄是世界四大木本油料树种之一。用其果实冷榨而成的橄榄油是世界著名的食用植物油脂，对人体健康具有重要作用，被誉为"液体黄金"。

◆ 分布

油橄榄主要分布在热带和亚热带地区，希腊、意大利、突尼斯、西班牙为集中产地。经引种驯化，中国北到甘肃，南至广西，东到浙江，西至四川，均有引种栽培。

◆ 形态特征

油橄榄树高可达 8 ～ 12 米。幼龄树皮光滑而色浅，呈灰色。枝条灰色或灰褐色，近圆柱形，小枝密被银灰色鳞片，具棱角，节处稍扁；成熟枝条上皮孔圆形散生。叶片对生，革质，披针形，或为长圆状椭圆形或卵形，长 1.5 ～ 8.0 厘米，宽 0.5 ～ 1.5 厘米；叶尖先端锐尖至渐尖，具小凸尖，叶基渐窄或楔形；叶缘全缘，反卷；叶面深绿色，稍被银灰色鳞片，叶背浅绿色，密被银灰色鳞片，两面无毛；叶脉中脉在两面凸起或上面微凹入，侧脉不甚明显，5 ～ 11 对，微凸；叶柄长 2.0 ～ 5.0 毫米，密被银灰色鳞片，两侧下延于茎上成狭棱，上面具浅沟。圆锥花序，腋生或顶生，长 2.0 ～ 4.0 厘米；花序梗长 0.5 ～ 2.0 厘米，被银灰色鳞片。花芳香，白色，两性，有雌蕊退化现象；花径长 5.0 ～ 7.0 毫米；花萼杯状，长 1.0 ～ 1.5 毫米；花丝扁平，长约 1.0 毫米；花药卵状三角形，长 1.8 ～ 2.0 毫米；子房球形，无毛，2 室。核果椭圆形，长 1.6 ～ 2.5 厘米，成熟时呈蓝黑色，平均果重 3.0 ～ 7.0 克，最大可达 15 克。果肉含油量 50% ～ 70%。

◆ 生长习性

油橄榄是亚热带常绿树种。主要生长于地中海一带，夏季炎热，干旱少雨；冬季温暖，雨量较多，光照充足。影响油橄榄生长发育的因素有温度、水分、光照和土壤。

温度

适宜于油橄榄生长发育的年有效积温为 $3500 \sim 4000℃ \cdot 日$，年平均气温在 $15 \sim 20℃$ 为宜。当气温下降到 $8 \sim 10℃$ 时，油橄榄生长缓慢；当气温下降到 $8℃$ 以下时，油橄榄生长停止。油橄榄在生长发育的各个时期，对温度的要求是不一样的。$8 \sim 10℃$ 花芽分化最快；$10℃$ 左右叶芽开始萌发；$15℃$ 时枝梢生长加快，花蕾开放；$20 \sim 27℃$ 为果实发育的适宜温度。

水分

油橄榄既是一种耐旱树种，又是对水分要求较高的树种。在干旱的条件下，油橄榄可以生存，但要丰产就必须为油橄榄提供所需的适宜水分。当土壤相对含水量为 $65\% \sim 75\%$ 时，油橄榄根系发育和地上部分的营养生长最好。如果土壤中水分或空气湿度过大，则不利于油橄榄生长发育，特别在土壤积水状态下，极易根腐死亡。

光照

油橄榄是喜光树种。对日照反应敏感，耐阴性差，凡是在光照不足、荫蔽的地方，植株均生长不良。油橄榄在生长发育过程中所需的年日照时数至少在 1250 小时以上，最好在 1500 小时以上。

土壤

油橄榄对土壤的适应性较强。只要土壤不是过分潮湿、黏重，一般都能正常生长。在土壤 pH5.5 ～ 8.5 都可以生长，但以 pH7 左右最为适宜。油橄榄对钾需求较多，其次是氮和磷。油橄榄对硼尤其敏感，因此在栽培管理中要多施有机肥，这样可以达到改良土壤、满足油橄榄丰产的要求。

◆ 发育特性

油橄榄在一年内可以不断地萌发和抽生新梢。根据萌发时期先后，可分为春梢、夏梢和秋梢。在一般情况下，每个腋芽都可以抽生形成侧枝。在欧洲地中海地区，由于夏季干旱，枝条生长有夏季休眠现象。在中国大部分地区没有夏季休眠，但因冬季低温，有冬季休眠现象。

油橄榄的花芽可存在于当年抽生的夏梢、秋梢上，少数也可以长在春梢和 2 年生枝条上。花芽从开始分化至开花需 2 个月。花有完全花和不完全花两种。在圆锥花序内，主轴和分轴上顶生的花多数是完全花，开放较早，坐果率高。二次花轴上的花通常是不完全花。完全花和不完全花的比例因品种、营养条件、栽培措施、树龄和气候条件而异。

油橄榄果实从开始形成到成熟需 4 ～ 6 个月。早熟品种从坐果到成熟，需 130 天左右，晚熟品种需 180 天左右。油橄榄落花落果有两次高峰，第一次在花谢后至幼果膨大，主要原因是授粉受精不良；第二次在8 ～ 9 月，主要原因是营养不良。

◆ 栽培技术

苗木繁殖

油橄榄苗木繁殖方法有很多种，常用的有种子播种、嫁接、扦插和压条。其中，扦插繁殖是国内外油橄榄育苗的主要方法。扦插繁殖的主要技术措施：从优良品种的树上剪取生长旺盛的 1 年生枝条或当年生半木质化的嫩枝，取中下部径粗 0.4 ～ 0.8 厘米的一段，截成长 8 ～ 10 厘米、带有 3 ～ 4 个节的插穗，上下靠节外平剪，先端留叶 1 ～ 2 对，下端切口用利刀削平。采穗宜在清晨，并注意保湿。插前用生根粉（ABT）等植物生长素浸渍 24 ～ 48 小时，以促进生根。开沟直插，深度为插条的 2/3，株行距 4 ～ 5 厘米。插后压紧，浇透水使切口与土壤密接，覆盖地膜和遮阴物。油橄榄扦插有春插和秋插。适宜的扦插时期应根据当地气候条件和管理水平而异。在冬季较温暖或有温室大棚条件下，采用秋插比春插好。

造林

选择地形开阔、背风向阳的低山缓坡地，土壤要求疏松，排水良好，pH6 ～ 7.5 的沙质壤土。一般应在春季苗木萌动前或刚开始萌动时栽植，灌溉条件好、无冻害的地区，也可以秋末造林。种植密度应根据品种、立地条件及抚育管理水平而不同，一般以每公顷 150 ～ 225 株为宜。

油橄榄多数品种自花不实。异花授粉能提高坐果率，授粉品种与主栽品种的比例以 8 ∶ 1 为宜。

抚育管理

根据油橄榄生长发育习性，每年施 3 次肥。即采收后施冬肥，施肥时间在 11 ～ 12 月份，以有机肥为主，加适量的石灰和硼砂，采用开沟深施。萌动前施春肥，施肥时间在 2 ～ 3 月份。果实膨大施保果肥，施肥时间在 6 ～ 7 月份，多采用速效性肥料。

整形修剪是油橄榄获得高产、稳产及防治病虫害的主要技术之一。冬季整形修剪一般采用疏枝和短截相结合。疏枝修剪，主要使树冠内通风透光良好，增加结果面积。除截除大枝外，一般可将连续对称萌发的侧枝交错剪去 1/2。短截修剪时，应根据情况修剪到有侧枝分生的位置，保留侧枝，这样会萌发许多新枝。夏季修剪是冬季修剪的补充，主要是采取抹芽、除梢、摘心等方法来控制或促进枝条的生长。虽是亚热带常绿果树中较耐寒树种，但由于幼树抗寒力弱，因此防寒、防冻是油橄榄栽培中主要考虑的因素之一。

病虫害防治

油橄榄引种到中国的时间不长，各引种区面积小且分散，与周边环境的相互作用尚不稳定。主要病害有油橄榄肿瘤病、油橄榄青枯病、油橄榄孔雀斑病。主要害虫有油橄榄实蝇、蛀干害虫（天牛类、小蠹虫）和油橄榄蜡蚧。

油橄榄肿瘤病

该病在油橄榄种植区广泛分布，危害较大，能侵染油橄榄的枝条、主干、根茎、叶片和果实，病原为极毛杆菌属的一种好气性细菌，能与橄榄蝇共生。初生肿瘤和次生肿瘤的导管组织内充满了含有白色黏稠状的脓状物。病菌在肿瘤内越冬，第二年降水季节或潮湿天气，黏稠脓状液溢出到肿瘤的表面，主要靠风雨、昆虫传播，潜伏期为 1～3 个月。株间传播慢，株内传播快，得病后不易治好。该病的发生与品种关系密切。

防治方法有：加强检疫，对有染病的苗木和插条等繁殖材料应集中烧毁，尽量清除病株；推广抗寒抗病品种；采果时应避免使树体受到损伤。

油橄榄青枯病

一种细菌性的维管束病害。病原菌是极毛杆菌属的一种青枯病菌，侵染初期地上部较难发现。病株的典型症状是地上部分的枝、果实表现失水萎蔫，根系、根茎基部的木质部变褐，重者皮层腐烂。一年四季均会发病，高温多雨的季节为发病盛期，土层瘠薄、土温在 20 ～ 30℃ 易于病害的发生。

防治方法有：选用尖叶木榄做砧木嫁接；选择未发生青枯病的林地种植，忌用种过烟草、番茄和其他茄科植物的地方造林。抚育时勿伤树根。在发病林地内及时隔离病株，开沟排水，改良土壤，培高根区的土层，增强树势，降低土温，集中烧毁重病株和死株。喷洒农用链霉素 2 ～ 3 次。

油橄榄孔雀斑病

孔雀斑病主要危害叶片、果实，在叶片表面形成油污状扩散的暗褐色同轴环状病斑，一年四季都在叶上出现；也危害枝条、果柄。病斑小，不规则，为圆形红褐色，导致大量落叶和落果。病原菌为半知菌亚门丝孢纲丝孢目暗孢科环梗孢属真菌，冬季以菌丝体和分生孢子在病组织中越冬，3 ～ 4 月开始向外扩展。新产生的分生孢子是春天主要的侵染来源，在 9 ～ 25℃ 萌发，最适宜温度为 16 ～ 20℃，菌丝生长温度为 12 ～ 30℃。夏季高温季节，感染停止。

防治方法有：实行苗木检疫，选育抗病品种；药剂防治，以 40% 可湿性多菌灵 1000 倍液防治效果最好，1：2：150 倍的波尔多液也能控制病害的发展。清除病落叶、落果，修去病梢，消灭可能的越冬病菌。

油橄榄实蝇

属双翅目实蝇科一种害虫。1 年发生 1 ～ 2 代，以蛹在土中越冬，3 月上旬羽化，5 月间产卵。喜欢选择绿色的果实产卵，每个果上只产 1 卵，幼虫在果实内孵化。但需要一些共生细菌的作用方能生长发育，危害 10 天左右后脱出，在土中 4～6 厘米处化蛹。成虫越冬死亡率高。受害幼果早落，成熟果无商品价值，榨油出油率低，而且油的酸价高达 8～12。

防治方法有：采用频振式杀虫灯诱杀，兼治其他害虫。主要在花谢 1 周后喷洒阿维菌素，杀灭卵与幼虫。产卵期喷洒农用链霉素，可有效抑制与幼虫共生的细菌，从而控制幼虫的发育。

◆ 小蠹虫

属鞘翅目小蠹科一种害虫。1 年发生 3 代，以幼虫在树皮下越冬，翌年 4 月开始化蛹，5～6 月钻出直径约 1 毫米的小孔，成虫从中羽化出。在枝干皮孔或裂痕处蛀孔产卵，孵化幼虫从母坑道呈放射状蛀食危害，蛀道内充满密集的虫粪。

防治方法有：加强园地管理，增强树势，保护天敌；结合修剪，剪取被害枝条及衰弱枝集中烧毁。

◆ 油橄榄蜡蚧

属同翅目蚧科一种害虫。1 年发生 1 代，以 2 龄若虫固定在枝条上越冬，翌年 3 月上中旬开始活动，到其他枝条上群居危害，不久便分化为雌、雄性。雌性若虫蜕皮后逐渐膨大成球形；雄性若虫 4 月上旬分泌白色蜡质形成介壳，再蜕皮化蛹其中，4 月中旬开始羽化为成虫。4 月下旬至 5 月上旬交尾，5 月中旬为若虫孵化期。

防治方法有：用抹布抹掉虫蜡体。早春发芽后，在受害严重的林内喷洒 5 波美度石硫合剂，要求均匀。在夏季当 90% 的若虫孵化后，用 1.5%～2.0% 的矿物油喷洒。

◆ 采收贮藏与加工利用

采收

油橄榄果实成熟期因品种和种植地区气候条件不同而异，主要根据果实成熟度确定采收时间。果实成熟度直接影响出油率和油的质量。在成熟期，果实自然掉落较少；但成熟期过后，自然掉落比例较高。因此，一般应在树上见不到青果时开始采收，采收到末期恰好是果实大量自然掉落的时候。

果实贮存

贮存油橄榄果实的基本要求是在贮存过程中不改变果实含油量和油质。油橄榄果实贮存的方法很多，主要有干藏、水浸和冷藏等几种。其中，效果最好的是冷藏，将果实放在 0～5℃左右的冷风库内贮存 3 个月，对出油率和油质均几乎没有影响，但大量贮存的成本较高。

果实榨油

油橄榄果实含有较多的水分和油脂，宜用鲜果榨油。干果榨油，不但酸价高，且油质差。果实榨油工艺流程：将充分成熟的果实采收后，装箱运到榨油厂；在将经过选择的果实洗涤后磨成糊糊状，使果肉内的含油细胞破裂，形成一种液体和固体的混合物质；然后将这些混合物质融合（即搅拌），通过过滤、加压或离心作用，使液体成分（油和水）和固体成分（果皮、果肉、核、仁）分开。固体成分就成了"油饼"（即橄榄渣），液体成分通过油水分离就得到橄榄油。"油饼"内含有不同程度的水分和油分，通过有机溶剂浸提，可得到橄榄渣油。

果品加工

油橄榄果实除榨油外，一些果用品种的果实还可以加工成盐渍、糖水、糖渍等罐头。由于果肉含有一定的油分，加工后的果品具有独特风味。

榆　树

榆树是榆科榆属落叶乔木。

◆　分布

榆树主产北温带，在北美洲南至墨西哥，在亚洲南至喜马拉雅地区。在中国跨北纬 32°～51°40′、东经 75°～132°2′，一般分布于海拔 1500 米以下的平原、山坡、山谷、川地、丘陵及沙岗等处。

◆　分类

榆树在全世界有 40 余种，中国有 25 种、4 个变种。如北方有白榆、榔榆（小叶榆）、裂叶榆、兴山榆、大果榆（黄榆）、脱皮榆、旱榆（灰榆）、黑榆（东北黑榆）、春榆、圆冠榆等；南方有台湾榆、多脉榆、长穗榆、杭州榆等；西南有昆明榆、小果榆等。在榆属植物中以白榆在造林上最为重要。

◆　形态特征

榆树为落叶乔木，稀灌木或常绿树。高可达 25 米，胸径可达 1.5 米以上。树冠卵圆形或近圆形。幼龄树皮平滑，灰褐色或浅灰色；老龄树皮暗灰色，不规则深纵裂，粗糙。单叶互生，排成 2 列，具重锯齿，稀单锯齿，羽状脉，基部常偏斜。花两性，稀单性，簇生、散生、聚伞或总状花序，春季先叶开放，稀秋季（榔榆）或冬季（如越南榆）开放。

果扁平，周围具膜质翅。种子扁或微凸，种皮薄，无胚乳，风传播。

◆ **生长习性**

榆树为喜光树种，抗寒和耐高温能力强，耐大气干旱和土壤干旱；对土壤条件要求不高，喜肥沃土壤，但也耐土壤贫瘠，其适生的土壤类型有棕壤、褐色土、黑钙土、栗钙土、灰棕漠土、盐碱土等；有较强的耐盐碱性，对各类盐碱土均有较好的适应性；根系发达，抗风力、保土力强；萌芽力强，耐修剪；不耐水涝；具抗污染性，叶面滞尘能力强。

◆ **培育技术**

以白榆为例。以种子繁殖为主，嫁接、扦插均可繁育。播种育苗可在种子成熟后，随采随播或密封、低温（低于10℃）贮藏。每公顷播种量为37.5～75.0千克，覆土厚度0.5厘米左右。每公顷留苗量15.0万～22.5万株。嫁接育苗在春季发芽前进行，采用切接法。扦插在夏秋季进行，以当年生半木质化幼嫩枝条为插穗，在吲哚丁酸（400毫克/千克）溶液中浸泡20秒。一般采用2～3年生苗木造林。随整地随造林，盐碱地等应提前1年整地，最好在雨季前或雨季整地。盐碱地造林，需提前开沟，或修窄台田、灌水或蓄淡水洗碱脱盐，使土壤含盐量降到0.3%以下。造林后，适时松土、除草、混种绿肥压青、灌溉、

榆钱

修枝、间伐。

◆ **用途**

榆树是重要的防护林、用材林和景观林树种。木材坚重，硬度适中，力学强度较高，纹理直或斜，结构略粗，有光泽，具花纹，韧性强，弯曲性能良好，耐磨损，能供建筑、车辆、枕木、家具、农具等用材。皮、叶、果、种子等可供医药用和食用，还可作饲料、绳索、麻袋、线香和蚊香的黏合剂、医药片剂的黏合剂和悬浮剂、培养食用真菌的优质饵木。

梓 树

梓树是紫葳科梓属落叶乔木。梓树分布于中国华北、东北、西北、华东、华中、西南各地。

梓树高 10 米，树皮灰色，小枝黄褐色。叶宽卵形或近圆形，长 10 ～ 25 厘米，3 ～ 5 裂或不裂，先端突尖，基部心形或圆形，掌状 5 出脉，脉腋有紫黑色腺斑，叶柄 5 ～ 15 厘米。花多数组成圆锥花序，长 10 ～ 25 厘米；花冠乳黄色内有黄色条纹及紫色斑点，长 2 厘米，直径 2.5 厘米。蒴果 20 ～ 35 厘米，细长如筷子，经冬不落。花期 5 ～ 6 月。

梓树

梓树性喜光，根深，在土壤深厚湿润的条件下生长良好。为阳性树种，喜欢光照，稍耐半阴，比较耐严寒，适应性强，为深根性树种，喜深厚肥沃且湿润的沙质土壤。可以耐轻度盐碱，不耐干旱和瘠薄。抵抗污染能力很强，对二氧化硫等有毒有害气体抗性较强。梓树采用播种方式繁殖。

梓树是优良观花赏叶乔木树种，可作行道树或庭荫树。

第 2 章

灌木植物

八角金盘

八角金盘是五加科八角金盘属常绿灌木。又称五加皮。八角金盘原产于日本暖地近海的山中林间。中国早年引种，后来广泛栽培于长江以南地区作为城市绿化和庭园观赏植物，江南和台湾一带尤多。

八角金盘茎高达 4～5 米，常数干丛生。叶掌状 7～9 裂，径 20～40 厘米，基部心形或截形，裂片卵状长椭圆形，缘有齿，表面有光泽，叶基部膨大，无托叶，叶柄长 10～30 厘米。花两性或杂性；多个伞形花序形成顶生圆锥花序；花朵小，白色。果实近球形，黑色，肉质，径约 0.8 厘米。花期 11 月，果期翌年 4～5 月。

八角金盘系亚热带树种，喜阴湿温暖气候，不耐干旱，不耐严寒，以排水良好且肥沃的微酸性土壤为宜，中性土壤亦能适应。萌蘖力尚强。

八角金盘栽培变型有白边八角金盘、黄斑八角金盘、白斑八角金盘和波缘八角金盘。以扦插繁殖为主，亦可播种和分株。扦插行于 3～4 月。以沙土作基质，选 2～3 年生枝近基部剪下，截成 15 厘米长，插入土中 2/3，按实紧压，充分浇水，经常保持土壤湿润。插穗先萌芽，后发根，

八角金盘

约有1个月假活期，须搭棚遮阴，加强管理，成活率较高。6～7月扦插，发根快，但管理难度大。播种繁殖在4月下旬进行，种子采收后堆放后熟，用水洗净，稍阴干即可播种，出苗率高。如不能当年播种，须拌沙层积，低温贮藏。播前应先搭好荫棚，播后1个月左右发芽出土，及时揭草，保持床土湿润。入冬后幼苗须防寒，留床一年或分栽培大。培育地应选择庇荫且湿润之处，在旷地栽培须搭荫棚。移植在翌年3～4月进行，须带泥球。在栽培中，不供采种的植株开花后要及时剪除花梗，以减少养分消耗。八角金盘也可盆栽，冬季室温保持在5℃以上，如达不到，则须放入温室越冬。

八角金盘绿叶扶疏，托以长柄，状似金盘，为重要的阴生观叶树种。适于配植在庭前、门旁、窗边、墙隅及城市高架桥下、建筑物背阴面。点缀在溪流跌水旁、池畔桥头树下，亦幽趣横生。若在草坪边缘、林地之下成片群植，尤为引人入胜。八角金盘对二氧化硫抗性较强，可供厂矿等处用作绿化；亦可盆栽供室内观赏。

霸　王

霸王是蒺藜科驼蹄瓣属超旱生小灌木。

霸王广泛分布于亚洲中部荒漠区，是中国内蒙古西部、甘肃西部、宁夏西部、新疆、青海、西藏等干旱荒漠区灌丛植被的主要优势种和建群种。

霸王根系发达，主根粗壮，入土深度达 50～70 厘米以下。株高 50～120 厘米。枝舒展，呈"之"字形弯曲。皮淡灰色，木质部黄色，先端具刺尖，坚硬。叶在老枝上簇生，幼枝上对生；叶柄长 8～25 毫米；小叶 1 对，长匙形，狭矩圆形或条形，长 8～24 毫米，宽 2～5 毫米，先端圆钝，基部渐狭，肉质。花生于老枝叶腋；萼片 4，倒卵形，绿色，长 4～7 毫米；花瓣 4，倒卵形或近圆形，淡黄色，长 8～11 毫米；雄蕊 8，长于花瓣。蒴果近球形，长 18～40 毫米，翅宽 5～9 毫米，常 3 室，每室常 1 种子。种子肾形，黑褐色，长 8～9 毫米，宽约 3 毫米，千粒重为 16～18 克。返青较早，4 月初芽开始萌动，4 月中旬伴随着小叶萌动花芽开始萌发，花期可延续到 4 月末或 5 月初，6～7 月果实成熟，8 月果实脱落。秋霜后叶片脱落较快，属于荒漠地区首批落叶灌木。

霸王物候节律与当年降水量关系不大，与前一年度的降水量相关。生长区域的年平均降水量 50～150 毫米，年温 ≥ 10℃ 的活动积温 3000～4000℃·日。常生长于沙砾质、沙质荒漠等贫瘠土壤和盐渍化较重的严酷环境，抗逆性强,生态可塑性大,

霸王

是优良的水土保持和防风固沙植物。霸王为中等饲用植物，骆驼、羊和兔子喜食幼嫩，其根可入药，老枝可作燃料。

经人工驯化栽培的霸王成株可高达 180 厘米左右；单株种子重和千粒种子重在相同年份较野生条件下可分别提高 57% 和 34%。种植第三年开始正常开花结实，在甘肃河西地区，结实后年平种子产量可达 800 千克/公顷左右。

钩 吻

钩吻是被子植物真双子叶植物龙胆目胡蔓藤科断肠草属的一种灌木。又称断肠草。

名出《神农本草经》，但所指哪种植物不确定，只是一种有毒植物。《吴普本草》载"秦钩吻，生南越山或益州。叶如葛，赤茎，大如箭，方根黄色。生会稽东冶"，故钩吻又称"冶葛"，甚至"野葛"。《南方草木状》载"冶葛，毒草也，蔓生，叶如罗勒，光而厚，一名胡蔓草"。《本草纲目》认为，"钩吻，虽名野葛，非葛根之野者也。或作冶葛。王充《论衡》云，冶，地名也，在东南，其说甚通"。陶弘景认为，五符中亦云钩吻是野葛，言其入口则钩人喉吻。

钩吻花

钩吻广泛分布于中国广东、广

西、贵州、云南、海南、台湾，偶见于福建、浙江、江西、湖南。印度、马来西亚、印度尼西亚及中南半岛（老挝、越南、缅甸北部、泰国北部）等地也有分布。

钩吻为攀缘或缠绕灌木。单叶对生，稀轮生；柄间托叶，细小；叶柄长 6～12 毫米，叶片卵形至狭卵形，膜质至纸质，全缘；基部宽楔形至近圆形，先端尖；侧脉 5～7 对。聚伞圆锥花序腋生或顶生，每节具两侧生聚伞花序。花梗 3～8 毫米，花 5 基数。花冠漏斗状，黄色至橘黄色，长 1.2～1.9 厘米，花冠筒长 7～10 毫米，外面呈褐色，口部有红色斑点；雄蕊插生于花冠筒中部；花丝片状至丝状，花药基部箭形。子房 2 室，每室具多数胚珠。花柱丝状，柱头 4 裂。蒴果卵形至狭椭圆形，光滑无毛，室间 4 瓣裂，种子多数，椭圆形至肾形，中间有毛，边缘具翅。花期 5～11 月，果期 7 月至翌年 3 月。

钩吻全株含钩吻碱（葫蔓藤碱），具强烈的神经毒性，新生幼叶和根部的毒性更强，因此民间俗称断肠草。服食过量可导致消化系统、循环系统和呼吸系统的强烈反应，中毒症状有流涎、恶心、口渴、吞咽困难、发热、呕吐、口吐白沫、抽搐、四肢麻木、四肢冰冷、面色苍白、肌肉无力、肌肉纤维颤动、舌硬、言语不清、咽腹有烧灼或疼痛感、心律失常等。中毒晚期可引起痉挛、呼吸肌麻痹、窒息、昏迷及休克，最后甚至可因心脏或呼吸衰竭而身亡。

中医以钩吻入药，称其性温、味为辛、大毒，有祛风、攻毒、消肿、止痛、抗炎、催眠等功效。外用可治顽癣、疥疮、湿疹、麻风、风湿、关节炎等，亦能驱蛔虫，使用时需十分小心，不要在非医疗机构使用。

海仙花

海仙花是忍冬科锦带花属落叶灌木。又称朝鲜锦带花。海仙花原产于日本。中国华东及华北等地常见栽培。

海仙花株高约 1 米。小枝粗壮，黄褐色或褐色，光滑或疏被柔毛。叶片广椭圆形或椭圆形至倒卵形，长 8 ~ 12 厘米，宽 2.5 ~ 5.0 厘米，先端突尖或尾尖，基部阔楔形，边缘具细钝锯齿。叶面绿色，中脉疏被平贴毛，背面淡绿色，沿中脉及侧脉被平贴毛，侧脉每边 4 ~ 6 条。叶柄长 5 ~ 10 毫米，边缘被平贴毛。聚伞花序数个生于短枝叶腋或顶端。萼筒长柱形，长达 1.5 厘米，花萼裂片 5，狭线形，长约 8 毫米，基部完全分离。花冠大而色艳，初淡红色，后变深红色或带紫色，长 2.5 ~ 4.0 厘米，漏斗状钟形，基部 1/3 以下骤然变狭。子房光滑无毛。蒴果长 1.5 ~ 1.7 厘米，顶有短柄状喙，无毛。种子微小而多数，无翅。花期 4 ~ 5 月，果期 8 ~ 10 月。

海仙花

海仙花性喜光，稍耐阴，有一定耐寒力，在北京以南可露地越冬。对土壤要求不严，能耐贫瘠，在土层深厚、肥沃、湿润的地方生长更好。怕水涝，生长快，萌芽力强，但耐旱性和耐寒性均不如锦带花。

黄花决明

黄花决明是豆科决明属常绿大灌木。有时长成小乔木。又称粉叶决明、黄槐、山扁豆、金凤树、金药树、树槐、豆槐、黄花刺槐。黄花决明原产于印度。中国长江以南地区常见。

黄花决明幼枝具有柔毛，后来逐渐脱落。羽状复叶长 15 ～ 30 厘米，其叶柄长 3.5 ～ 6.5 厘米，叶轴上面最下 2 对小叶间各有棍棒状的腺体 1 枚；复叶中一般具有 4 ～ 6 对长 3.5 ～ 10 厘米、宽 2.5 ～ 4 厘米的卵形或椭圆形小叶，5 对小叶较为常见，小叶的背面粉白色，正面绿色。花似小蝴蝶，为蝶形花冠，很多小花形成总状花序生于枝条上部的叶腋内，花鲜黄色，开在树梢，花期主要集中在 8 ～ 12 月。小花花瓣 2 ～ 2.5 厘米，雄蕊 10 枚，其中下面 2 枚花丝较长，全部可育。长 15 ～ 20 厘米，宽 12 ～ 18 毫米带形荚果扁平，成熟后会开裂，荚果顶端具有细长的喙，果柄长 2.5 ～ 3 厘米。一个果荚里具有长圆形至椭圆形的种子 20 ～ 30 粒，种子大小约 7 毫米 ×4 毫米。

黄花决明耐瘠、耐旱，主要作为水土保持植物。

黄花决明

檵 木

檵木是金缕梅科檵木属灌木。有时为小乔木。

檵木分布于中国中部、南部及西南各地。亦见于日本及印度。喜生于向阳的丘陵及山地，亦常出现在马尾松林及杉林下，是一种常见的灌木，唯在北回归线以南未见其踪迹。

檵木多分枝，小枝有星毛。叶革质，卵形，长 2～5 厘米，宽 1.5～2.5 厘米，先端尖锐，基部钝，不等侧，上面略有粗毛或秃净，干后暗绿色，无光泽，下面被星毛，稍带灰白色，侧脉约 5 对，在上面明显，在下面突起，全缘。叶柄长 2～5 毫米，有星毛。托叶膜质，三角状披针形，长 3～4 毫米，宽 1.5～2 毫米，早落。花 3～8 朵簇生，有短花梗，白色，比新叶先开放，或与嫩叶同时开放。花序柄长约 1 厘米，被毛。苞片线形，长 3 毫米。萼筒杯状，被星毛，萼齿卵形，长约 2 毫米，花后脱落。花瓣 4 片，带状，长 1～2 厘米，先端圆或钝。雄蕊 4 个，花丝极短，药隔突出成角状。退化雄蕊 4 个，鳞片状，与雄蕊互生。子房完全下位，被星毛。花柱极短，长约 1 毫米。胚珠 1 个，垂生于心皮内上角。蒴果卵圆形，长 7～8 毫米，宽 6～7 毫米，先端圆，被褐色星状茸毛，萼筒长为蒴果的2/3。种子圆卵形，长 4～5 毫米，

檵木

黑色，发亮。花期 3～4 月。

常见栽培变种有红花檵木，叶与原种相同，花紫红色，长 2 厘米。分布于中国湖南长沙岳麓山，多栽培。

檵木可供药用。叶用于止血,根及叶用于跌打损伤,有去瘀生新功效。

假连翘

假连翘是马鞭草科假连翘属多年生常绿小灌木。假连翘原产于南美热带地区。有花叶假连翘、黄叶假连翘等品种。

假连翘叶对生,边缘有锯齿。枝上有小刺,枝条下垂。小花蓝紫色,非常美丽。果实金黄色,光滑圆润。假连翘喜温暖、阳光充足的环境,不耐寒。在肥沃的沙质土壤中生长较好。主要采用扦插繁殖。病虫害较少,主要病害有叶斑病,害虫有蚜虫、日本龟蜡蚧和斜纹叶蛾等。

假连翘花

假连翘枝条细密,分枝能力强,耐修剪。中国南方地区广泛栽培,在园林中可作绿篱、花廊等,也可修剪成各种造型或栽植于花坛、花境。

金露梅

金露梅是蔷薇科金露梅属多年生落叶灌木。又称金老梅、金蜡梅、药王茶、棍儿茶、扁麻、木本委陵菜。

金露梅广泛分布于北温带。中国分布于青海、甘肃、四川、西藏、云南,以及东北和华北地区。

金露梅株高 0.5 ～ 2 米，
多分枝，树皮纵向剥落，小
枝红褐色，幼时被长柔毛。
羽状复叶，常 5 小叶，上面
1 对基部下延与叶轴汇合，
叶柄被绢毛或疏柔毛；小叶
长圆形、倒卵长圆形或卵状

金露梅植株

披针形，长 0.7 ～ 2 厘米，宽 0.4 ～ 1 厘米，边缘平或稍反卷，全缘，
先端急尖或圆钝，基部楔形，两面被疏绢毛或柔毛或近无毛。花单生或
数朵生枝顶，花梗密被长柔毛或绢毛；花黄色，宽倒卵形；萼片卵形，
先端急尖至短渐尖，副萼片披针形至倒卵披针形，先端渐尖至急尖，外
面被疏绢毛。花柱棒状，柱头扩大；花药椭圆形，四周具黄色边。瘦果
近卵圆形，熟时褐棕色，长约 1.5 毫米，外被长柔毛。花果期 6 ～ 9 月。

金露梅生长于海拔 1000 ～ 4000 米的山坡草地、砾石坡、灌丛及林
缘等地。喜微酸至中性、排水良好湿润土壤，可耐 -50℃低温，也耐干旱、
瘠薄。

金露梅繁殖方法主要有种子繁殖、扦插和压条繁殖。①种子繁殖。
选籽粒饱满、无残缺或病虫害当年采种子。用 50 ～ 60℃水浸种 15 分
钟，冷至室温后浸种 12 ～ 24 小时，至吸水膨胀 20% ～ 80% 种子露白；
或用 0.3% 硫酸铜液浸种 20 分钟，再用清水冲洗 4 ～ 5 次，混入 2 ～ 3
倍硫酸亚铁溶液消过毒的湿沙埋藏催芽，每天翻动 1 次，保温保湿，待
1/3 种子裂口即可播种。用 3 厘米 ×5 厘米间距点播，覆基质 1 厘米厚，

播后用喷壶淋湿基质，用塑料薄膜包裹，以保温保湿。或采用宽幅条播，播幅15～20厘米，播幅间距10厘米播种板播种，播量150千克/公顷，播后覆盖厚0.2～0.3厘米消过毒的腐殖质土，镇压，灌足水，用草或麦秸秆覆盖保湿，每天洒水1～2次。播种时期为5月中旬。经过1个生长季节，树势较弱小，需再过1个生长季后，达出圃要求才能于来年春季移栽。一般当幼苗长出3片或3片以上叶子后可移栽。移栽时，选择排水良好地块，用和播种同样的基质做底床，灌足水，挖出幼苗剪去1/4主根后移栽，移栽行距10厘米、株距5厘米。②扦插。春末秋初，选当年生粗壮嫩枝，剪成5～15厘米长、带3片以上叶且保留3～4个节的小段。或早春用2年生老枝，上面剪口在最上叶节上方约1厘米处平剪，下面剪口在最下叶节下方约0.5厘米处斜剪，上下剪口平整。扦插在营养土或河沙、泥炭土等材料。扦插后管理。插穗生根最适温度20～30℃，用薄膜把扦插容器包裹保温，通过遮阴或喷雾给插穗降温。③压条繁殖。选取15～30厘米健壮枝条，剥掉1圈约1厘米的树皮，剪取长10～20厘米、宽5～8厘米薄膜，上面淋湿园土，把环剥部位包起来。生根后，剪下枝条边根系，作为新植株。移栽盆底放2～3厘米厚粗粒基质，其上撒厚1～2厘米腐熟有机肥，再覆厚1～2厘米基质，然后放入植株；上盆基质选用菜园土∶炉渣＝3∶1；或园土∶中粗河沙∶锯末（茹渣）＝4∶1∶2。浇透水。

　　金露梅幼苗生长期易受杂草影响，要及时锄草；同时每15天喷施1次叶面追肥，以加快苗木生长。越冬前，灌足冬水后用苔藓或锯末覆盖苗床，防止苗木遭受冻害。当幼苗出齐后，揭开薄膜，拔除有病、不健康幼苗；为防病虫害，用 3% 硫酸亚铁溶液喷撒苗床，待 20 分钟后再用清水洗床。

金露梅种子一般 9 月成熟，熟后易脱落，当种子呈橙色时，即可采收，去皮，阴凉处晾干后置于透气性好的纸袋储存。开花盛期，采集花、叶，去除枯叶残枝，晒干，药用。

金露梅株形美观，花色金黄、鲜艳，花期长，可作庭园等观赏灌木，也可作绿篱。枝叶柔软，粗蛋白质、粗脂肪和总能含量较高，也含黄酮类、鞣质和醌类等，是高寒区产量较高牧草，春季马、羊喜食，牛采食。花、叶入药，具有清暑、健脾、化湿、调经之功效。叶与果含鞣质，可提制栲胶。嫩叶可代茶叶饮用。

旌节花

旌节花是被子植物真双子叶植物缨子木目旌节花科旌节花属的一种落叶灌木。又称中国旌节花。名出《广群芳谱》。

旌节花广泛分布于中国长江以南地区。生长于海拔 400～3000 米的山谷、沟边、林中或林缘。

旌节花高 2～5 米。单叶，互生；叶片纸质或膜质，卵形至卵状长圆形，基部钝至近圆形，边缘有疏锯齿，顶端渐尖，无毛；侧脉 5～6 对，在两面均凸起；叶柄长 1～2

旌节花花序

厘米；托叶早落。先花后叶，穗状花序腋生，下垂。花小，两性，辐射对称；萼片4，三角形；花瓣4，倒卵形，黄色；雄蕊8；心皮4，合生，子房上位，4室，中轴胎座胚珠多数，花柱单一，柱头头状。浆果球形，直径约6毫米，种子多数，具假种皮。花期3～4月，果期5～7月。

旌节花茎髓可代传统中药"通草"入药，有利尿、催乳、清湿热之功效。园林中可栽培观赏。

连 翘

连翘是木樨科连翘属落叶灌木。又称旱连子、大翘子、空壳等。以其干燥果实入药，药材名连翘。

连翘在中国主产于河南、河北、山西、陕西、甘肃、宁夏、山东、四川、云南等地。一般为野生，也有栽培。

◆ 形态特征

连翘小枝浅棕色，梢四棱，节间中空无髓。单叶对生，偶有三出小叶，叶片宽卵形至长卵形，边缘有不整齐的锯齿。花先叶开放，1至数朵簇生于叶腋；花萼四深裂；花冠黄色，裂片4，雄蕊2，柱头2裂。蒴果木质，表面散生瘤点，成熟时2裂似鸟嘴。种子多数，有翅。花期3～4月，果期7～9月。

◆ 生长习性

连翘野生于海拔800～1800米的山坡、林下和路旁。海拔较低的地段只开花不结果。一般酸碱性土壤均可生长，盐碱地例外。性喜湿润、凉爽气候，较耐寒，幼龄阶段较耐阴，成年阶段要求阳光充足。萌芽力强，每对叶芽都能抽枝梢，每年基部均长出大量新枝条。小枝一般于 2 月下旬至 3 月上旬萌动，3 月中旬至 4 月中、下旬先开花，后放叶。花有二型，长花柱和短花柱，在栽培中两者混杂种植时结果率高。

◆ 繁殖方法

连翘可采用种子、扦插、压条等方法繁殖。

种子繁殖

选择土层深厚、疏松肥沃、排水良好的夹沙土地，于 3 月上、中旬播种。播前应将种子用 25 ～ 30℃温水浸泡处理萌芽后即行播种。播时在畦面上开横沟条播，行距 25 ～ 30 厘米。用种量约 3 千克 / 亩。播后覆土盖草保持湿润。当苗高 10 厘米左右时，按株距 3 ～ 4 厘米定苗。做好松土除草、追肥、排灌等管理。当年秋或翌年春即可出圃定植。

扦插繁殖

选用通透性能良好沙土地，靠近水源。秋季落叶后至发芽前扦插。选用 1 ～ 2 年生健壮枝条，截成 15 ～ 20 厘米长的插穗，留 2 ～ 3 个芽，按 10 厘米 ×25 厘米株行距插入苗床，深度以露出床面 1 ～ 2 个芽为宜。插后立即灌透水保持床面湿润，注意水肥管理，秋后即可出圃定植。

◆ 栽培管理

选地与整地

栽植地宜选土层深厚、土质疏松、背风向阳的缓坡地。种植前进行翻地，按株行距 1.5 米 ×2 米挖穴，挖长、宽、深为 0.8 米 ×0.8 米 ×0.7 米的穴。施基肥与底土混匀。一般秋后整地。

移栽定植

苗高 50 厘米时即可出圃定植。栽植前先在穴内施肥，每穴施有机肥 10 ～ 15 千克。栽时要使苗木根系舒展，分层踏实，定植点要高于穴面。

田间管理

连翘田间管理要点有：①中耕除草。郁闭前，应及时中耕除草。②施肥。郁闭前，每年 4 月下旬、6 月上旬结合中耕除草各施肥 1 次，每次施农家肥 2000 ～ 2500 千克 / 亩。郁闭后，每隔 4 年深翻林地 1 次。每年 5 月和 10 月各施肥 1 次，5 月以复合肥为主，10 月施厩肥。③抗旱排涝。注意好干旱时浇水和多雨时排水。

整形修剪

在定植后幼树高 1 米左右时，以自然开心形和灌丛形进行整形修剪。同时于每年冬季将枯枝、重叠枝、交叉枝、纤弱枝及徒长枝和病虫枝剪除。生长期还要适当进行疏剪短截。

病虫害防治

主要害虫有钻心虫，可通过杀虫剂诱杀防治。

◆ 采收加工

连翘果实初熟期在 8 月中旬，果皮呈青色时采下，置沸水中煮片刻或放蒸笼内蒸 0.5 小时，取出晒干，外表呈青绿色，商品称为青翘。9 月下旬～ 10 月上中旬，果

连翘

实熟透变黄，果实裂开时采收，晒干，筛出种子及杂质，称为老翘。

◆ **药用价值**

连翘药材味苦，性微寒。归肺、心、小肠经。具清热解毒，消肿散结，疏散风热之功效。用于痈疽，瘰疬，乳痈，丹毒，风热感冒，温病初起，温热入营，高热烦渴，神昏发斑，热淋涩痛。内含连翘脂素、连翘苷、连翘酚、熊果酸、齐墩果酸、牛蒡子苷及其苷元、花含芦丁等化学成分。

萝芙木

萝芙木是夹竹桃科萝芙木属常绿灌木。又称鸡眼子、白花丹、麻桑端、山马蹄等。以干燥根入药，药材名萝芙木。萝芙木在中国主要分布于西南、华南、台湾等地。

◆ **形态特征**

萝芙木株高 1 ~ 2 米，外皮平滑无毛。小枝淡灰褐色，茎下部枝条疏生圆形淡黄色皮孔。叶通常 3 ~ 4 片轮生，质地薄而柔，长椭圆状披针形，长 4 ~ 14 厘米，全缘或略带波状；叶柄细而微扁。聚伞状花序，三叉状分歧，腋生或顶生；总花梗纤细，长 2 ~ 4 厘米，小花梗丝状，长约 5 毫米；花萼 5 深裂；花冠白色，呈高脚碟状，上部 5 裂；雄蕊 5 枚，花丝短，花药线形；雌蕊 2 心皮，离生或合生，子房卵圆形，花柱丝状，柱头短棒状而微扁。核果，成熟后黑色。种子 1 粒。花期主要在 5 ~ 7 月；果期 8 ~ 10 月，有时可延续到次年春。

◆ **生长习性**

萝芙木喜温暖湿润环境。不耐寒。以肥沃、疏松、湿润的沙壤土较好。常见于海拔不高的山区丘陵地或溪边的灌木丛及小树林中。

◆ **繁殖方法**

萝芙木繁殖有两种方法：①种子繁殖。根系更发达。于 9～10 月采收成熟果实，用水浸泡 1 天，搓烂果肉，洗出种子，用湿沙混合贮藏。3～4 月播种，出苗后每 2 个月中耕除草、追肥 1 次，1 年后即可定植。②扦插繁殖。早春选健壮枝条，剪成 20～23 厘米的插条。每根插条要具有 2～3 个节。在苗床培育 1 年后定植。定植可选在春秋两季，挖穴栽苗后淋水生根即可。

◆ **栽培管理**

萝芙木栽培管理要点有：①选地。应选择土层深厚、肥沃、排水良好、富含腐殖质的沙质壤土。排水良好的平地或向阳坡地均可，定植期宜选气候温和，雨水充足的季节。②田间管理。栽植第 1 年的春、夏、秋季各中耕除草 1 次，第 2 年植株封畦后，只在春、冬季各中耕除草 1 次，第 3 年在春季中耕除草 1 次。与中耕除草结合进行。第 1 年施肥 3 次，第 2 年施肥 2 次，第 3 年施肥 1 次。春、夏季施粪肥，秋、冬季除用粪肥外，增施过磷酸钙和草木灰，施后盖土。③病虫害防治。病害有立枯病、炭疽病、煤烟病、叶斑病等。可在整地时进行土壤消毒，并根据病症用农药防控。害虫常见的有介壳虫和筒天牛，应注意清理栽种区，将感染枝叶去除并焚毁，并辅以农药控制。

◆ **采收加工**

以 2～3 年生植株采收为宜。能获得较高的产量。另外全年中以 3 月份根部总生物碱含量最低，仅约 0.8%；而 10 月份含量最高，可达 1.9%。

◆ 药用价值

药材萝芙木味苦、微辛，性凉。含阿马里新、利血平、萝芙甲素及山马蹄碱等生物碱，为"降压灵"的原料。萝芙木中毒时能引起自主神经紊乱，对中枢神经有抑制作用，故可用于治疗相关病症。如利血平对心血管有立即降压作用，能释放和排空脑内的神经胺类，如5-羟色胺、去甲肾上腺素等，

萝芙木

这些作用被认为和利血平的安定效果有关，也用于胆囊炎、黄疸型肝炎、眩晕、癫痫、外伤等的治疗。

木本夜来香

木本夜来香是茄科夜香树属常绿灌木。又称夜来香、夜香花、夜光花、夜香树、夜丁香。木本夜来香原产于南美洲，广泛栽培于世界热带地区。中国福建、广东、广西和云南等地均有栽培。

木本夜来香直立或近攀缘状，高2～3米。全体无毛，枝条细长而下垂。单叶互生纸质，有短柄，矩圆状卵形或矩圆状披针形，全缘，顶端渐尖，基部近圆形或宽楔形，中脉明显，有6～7对侧脉。伞房式聚伞花序，腋生或顶生，疏散，绿白色至黄绿色，花冠狭长管状，晚间极香。花萼钟状，长约3毫米，5浅裂，裂片长约为筒部的1/4。花冠高脚碟状，长约2厘米，筒部伸长，下部极细，向上渐扩大，喉部稍缢缩，

裂片 5，直立或稍开张，卵形，急尖，长约为筒部的 1/4。雄蕊伸达花冠喉部，每个花丝基部有 1 齿状附属物，花药极短，褐色。浆果矩圆状，长 6～7 毫米，直径约 4 毫米，有 1 颗种子。种子长卵状，长约 4.5 毫米。花期 7～10 月。

木本夜来香常用扦插或分株法繁殖。喜温暖湿润和向阳通风环境，适应性强，但不耐寒，要求疏松、肥沃、排水良好、富含腐殖质的微酸性壤土。春、夏、秋三季生长，冬季休眠。受煤污病和叶枯病等病害及蚜虫、介壳虫和粉虱等害虫的影响。

木本夜来香

木本夜来香枝条俯垂，花期长而繁茂，夜间芳香，果期长，且富观赏价值，在园林绿化中可植于庭院、亭畔、塘边、窗前、墙沿及草坪等处，温暖地带可露地栽培；也可用作切花和盆栽观赏，但其花、茎和叶均有毒，花粉可致呼吸道过敏。

木　薯

木薯是大戟科木薯属灌木植物（一般为伞形）。又称树薯、树葛。

◆ 起源

木薯及其亲缘种均起源于南美洲，从墨西哥到阿根廷和西印度群岛地带。木薯栽培种起源于巴西中部亚马孙河流域。考古学和形态学研究证明，人类利用木薯的历史有 4000 年之久。木薯于 16 世纪传入非洲，于 18 世纪传入亚洲，于 19 世纪 20 年代引入中国。

◆ 分布

木薯广泛分布于热带地区，如非洲、美洲和亚洲等的 100 余个国家或地区，主产国为尼日利亚、加纳、巴西、哥伦比亚、泰国、印度尼西亚、印度和越南等。中国广东、广西、海南、福建、台湾、云南、

木薯

贵州、湖南、江西等地均有种植，其中以广东、广西、海南栽培面积最大。

◆ 形态特征

木薯的根系分两种，由种子萌发产生的直根系有主根和侧根；用营养体繁殖产生的不定根分为吸收根、粗根和块根 3 种形态。吸收根又称为须根、幼根，具有根毛，能吸收水分和养分；粗根是不定根分化时因不良条件扼制增粗形成的已经分化的吸收根；块根通称为薯，肉质、肥大，呈圆锥形、圆柱形或纺锤形。薯长多为 30 ～ 40 厘米，粗 5 ～ 6 厘米，最长可达 1 米以上。木薯的茎由结合节间组成，成熟茎为圆形、木质，茎粗 2 ～ 4 厘米，高 1 ～ 5 米。主茎有顶端分枝和侧分枝，分枝部位的高低因品种和环境而异，分枝次数多为 2 ～ 4 次。茎色因品种而异，呈黄褐色、灰褐色等。木薯的单叶互生，呈螺旋状排列。掌状深裂近基部，裂片 5 ～ 13 片，一般为 7 ～ 9 片，裂片披针形、椭圆形或线形，

全缘渐尖。叶柄长 20 ～ 30 厘米。

木薯为单性花，雌雄同株。圆锥花序顶生或腋生，花梗疏散，通常有 1 ～ 4 条，雄花着生于花梗上部，雌花着生于花梗下部，雌、雄花均无花冠。植后 3 ～ 5 个月始花，也有些品种不开花。蒴果，短圆形，有棱翅，内分 3 室，每室有 1 粒种子。种子扁长，似肾状，褐色，光滑具斑纹，种皮坚硬。

◆ 生长习性

木薯喜高温不耐霜雪，喜阳性不耐荫蔽，对降水量适应范围广，对土壤适应性强。一般需要在无霜期 8 个月左右、年平均温度 18℃及以上的地区种植。适应性强，耐旱、耐瘠，在平原、荒坡、山地或丘陵，不论沙土或黏土都能生长。以气温 25 ～ 29℃、年降水量 1000 ～ 2000 毫米且分布均匀的温暖湿润环境为最适。

◆ 繁殖方法

木薯是无性繁殖作物，生产上主要采用块根进行繁殖，但由于繁殖系数低而影响应用速度，因此各种快速繁育技术应运而生，应用较多的是利用嫩枝和腋芽进行繁殖。

嫩枝繁殖法。对母株上新发 5 ～ 10 厘米长的嫩枝进行切苗，留下腋芽重新长出新的嫩枝，把切取下的嫩枝进行修剪、清洗、催根处理约 2 周后，当根长不超过 1 厘米时移植大田。重复此过程可提高种苗繁殖速度，该法比传统繁殖方法快 30 ～ 240 倍。

腋芽繁殖法。在田间选择 3 ～ 4 个月龄的健康植株做母茎，将腋芽切下作为繁殖材料，经修剪、清洗、持续喷雾催根处理 1 ～ 2 周后，待切口生根后切掉叶柄，将嫩苗先移植于塑料袋内培养 1 周，后移植到大田。当苗在大田生长 3 ～ 4 个月后，又可提供新的母株作为繁殖材料，重复此过程比传统繁殖方法快 250 ～ 3000 倍。

◆ **育种方法**

主要围绕工业用木薯品种选育，如高支链淀粉专用型、燃料乙醇专用型、营养食品加工型、高蛋白饲料型和抗旱、耐贫瘠盐碱地型品种。从国外引进资源或从地方资源中通过系统选育品种仍是中国木薯育种的主要途径。杂交育种已成为木薯育种的重要策略之一，已选育出诸多新品种。自花授粉也成为创制种质资源的方式之一，创制纯系材料，用于木薯遗传改良。广西种植木薯一般在开花授粉后 90 天左右成熟，当年授粉需第二年收获种子，其间经历干旱、低温等不利气候，使得果实大量干枯脱落或种子成熟期推迟，影响果实及胚胎发育，降低种子的发芽率。这些因素限制了木薯杂交育种工作在广西的开展。幼胚离体培养、化学试剂人工诱导开花、嫁接诱导开花等技术的应用，为解决该问题提供了技术手段。转基因技术也已开始在木薯种质创制中发挥作用，全基因组测序工作的初步进展，将推动木薯分子标记的开发利用。木薯多倍体在株型、块根产量、淀粉含量、适应性上表现出明显优势，使得多倍体育种成为木薯种质创新的重要途径，中国主要研究团队关于木薯多倍体育种研究的报道较多，进展迅速。诱变育种也是木薯育种的有效途径之一。

◆ **栽培管理**

选地与整地

应该选择排水较好的平地或缓坡沙壤地种植木薯，如种植地为熟地需要采用 2 ～ 3 年等方式轮作，轮作作物以花生、玉米、黄豆及绿豆等作物为佳。整地在种植前 1 个月左右进行，一般为二犁二耙使土壤平整、疏松，耕地深度以 30 ～ 40 厘米为宜。

田间管理

木薯栽培的田间管理根据各生长阶段的不同要求及环境条件的变化进行调整，主要有除草、施肥、培土和给排水 4 个环节。

除草。使用人工、机械和栽培技术等手段防除，如地膜覆盖锄草技术、中耕施肥培土技术、套作等方式。

施肥。施肥分基肥、追肥 2 次施用。在整地时，施用有机肥作为基肥；种植 1 个月后，在雨天后施用复合肥作为追肥，至收获前 4 个月以施氮肥和钾肥为主。红壤地区宜增施磷肥。

培土。木薯块根浅生，深植和厚培土不利于块根膨大，因此土壤板结的地方一般不培土，土壤沙质贫瘠或者常受台风袭击的地方可以浅培土。

给排水。木薯较耐旱，田间水分管理要视苗情、天气，适时、适量浇水。避免大水漫灌，以滴灌方式浇水效果最佳。土壤保持见湿见干即可，雨季要及时排涝。

病虫害防治

木薯生长期间的主要病害有病毒病、细菌性疫病、褐叶斑病和枯萎叶斑病，主要为害害虫有螨类、蓟马、地老虎、白蚁等。采用“预防为主、综合防治”的原则，优先采用农业防治，在病虫害没有大面积发生时，应采用人工拔除病株的方式，并及时销毁；如病虫害发生面积较大，需选用高效、低毒、低残留农药品种进行防治。

◆ **采收与加工**

木薯应于种植后 8 ～ 12 个月开始收获,于霜冻来临前及时采收,收获期一般在 11 月至第二年 3 月,也可通过栽培技术措施实现周年收获。收获时尽量不要损伤块根,以避免影响货架期。鲜薯易变质腐烂,收获后应尽快加工成淀粉、干片、干薯粒等。

◆ **价值**

木薯是热带地区的重要食粮,用途广泛,可食用、饲用和加工成各种工业产品,如淀粉、酒精等;也可用以制浆料、果糖、葡萄糖、味精或塑料纤维、塑料薄膜、涂料和胶黏剂等。木薯叶片营养丰富,可作猪、蚕、鱼等的饲料。鲜薯肉质部分经浸水、干燥等去毒处理后方可食用或饲用。

木薯的块根富含淀粉,是工业淀粉原料之一。木薯的栽培较粗放,且产量高,是中国南部山区常见的杂粮作物,因块根含氰酸毒素,需经漂浸处理后方可食用,一些低毒品种,如面包木薯,剥去皮层后,便可除毒。木薯在中国栽培已有百余年,通常以枝、叶淡绿色或紫红色两大品系,前者毒性较低。

木薯还具有以下保健功能,如治疗消肿、疮疡等,抗癌防癌及糖尿病、高血压等的预防,膀胱炎的治疗,护肝与抗氧化。

糯米条

糯米条是忍冬科六道木属落叶灌木。糯米条在中国长江以南各地广泛分布，华北南部有栽培。因花期长、花香而备受欢迎。

糯米条株高 2 米。幼枝红褐色，小枝皮撕裂状。叶卵形或卵状椭圆形，长 2～5 厘米，宽 1～3.5 厘米，对生，边缘具疏浅齿，叶背中脉基部密被柔毛。聚伞花序顶生或腋生，花粉红色或白色，具香味，花萼被短柔毛，5 裂，长约 5 毫米，花冠漏斗状，列被柔毛，雄

糯米条

蕊 4，伸出花冠。瘦果长约 5 毫米，顶端有宿存 5 萼裂状。花期 7～8 月，果熟期 10 月。

糯米条性喜光，耐阴。喜温暖湿润气候，稍耐寒。对土壤要求不严，酸性、中性和微碱性土壤均能生长。喜肥沃通透的沙质壤土，不耐积水。萌蘖能力强，耐修剪。可通过播种、扦插方式繁殖。

蝟　实

蝟实是忍冬科蝟实属直立灌木。蝟实为中国特有种，天然分布于中国山西、陕西、甘肃、河南、湖北及安徽等地，生长于海拔350～1340 米的山坡、路边和灌丛中。中国华北、华中地区有栽培。

蝟实多分枝，株高可达 3 米。叶椭圆形至卵状椭圆形，长 3～8 厘米，宽 1.5～2.5 厘米，叶片上面深绿色，两面散生短毛。伞房状聚伞花序，具长 1～1.5 厘米的总花梗，花梗几乎不存在。苞片披针形，花

冠淡红色，花药宽椭圆形。花柱有软毛，果实密被黄色刺刚毛，顶端伸长如角，冠以宿存的萼齿，果实黄色。5～6月开花，8～9月结果成熟。

蝟实

蝟实喜光照充足的环境，稍耐阴，但过阴则生长细弱，不能正常开花结实。耐寒、耐旱、耐瘠薄，在土层薄、岩石裸露的阳坡亦能正常生长，不喜过湿、积水的环境。繁殖方式以播种和扦插繁殖为主。

蝟实植株紧凑，树干丛生，株丛姿态优美。因其花朵繁密、花色艳丽、花期较长、花序紧凑、盛开时满树粉红，且管理粗放、抗逆性强，可广泛用于中国长江以北多种场合的绿化和美化。夏秋全树挂满形如刺猬的小果，十分别致。蝟实于园林中群植、孤植、丛植均美，既可作为孤植树栽植于房前屋后、庭院角隅，也可组团式栽植于草坪、山石旁、水池边或坡地。

仙人掌

仙人掌是仙人掌科缩刺仙人掌的变种。仙人掌原产于墨西哥东海岸、美国南部及东南部沿海地区、西印度群岛、百慕大群岛和南美洲北部。中国于明末引种，在广东、广西南部和海南沿海地区逸为野生。北方作温室栽培或阳台栽培。

仙人掌系丛生肉质灌木，高 1.5 ～ 3 米。上部分枝宽倒卵形、倒卵状椭圆形或近圆形，绿色至蓝绿色，无毛；刺黄色，有淡褐色横纹，坚硬；倒刺直立。叶钻形，绿色，早落。花辐状，直径 5 ～ 6.5 厘米；花托倒卵形，长 3.3 ～ 3.5 厘米，基部渐狭，绿色；萼状花被黄色，具绿色中肋；花丝淡黄色，花药黄色，花柱淡黄色，柱头黄白色。浆果倒卵球形，顶端凹陷，表面平滑无毛，紫红色，倒刺刚毛和钻形刺。种子多数扁圆形，边缘稍不规则，无毛，淡黄褐色。花期 6 ～ 10 月，有的是 6 ～ 12 月。

仙人掌

仙人掌性喜阳光、温暖、耐旱的环境，适合在中性、微碱性土壤生长，土壤 pH7.0 ～ 7.5 为宜。多用分株法、扦插法和嫁接法繁殖。

野牡丹

野牡丹是野牡丹科野牡丹属灌木。野牡丹产于中国云南、广西、广东、福建、台湾等地，广泛分布于江南大部分地区的旷野山坡、山路旁的灌丛林中、疏林下。

野牡丹高 0.5 ～ 1.5 米，分枝多。茎钝四棱形或近圆柱形，密被紧贴的鳞片状糙伏毛，毛扁平，边缘流苏状。叶片纸质，卵形或广卵形，顶端急尖，基部浅心形或近圆形，全缘，7 基出脉，两面被糙伏毛及短

野牡丹

柔毛，背面基出脉隆起；叶柄长 5 ～ 15 毫米，密被鳞片状糙伏毛。伞房花序生于分枝顶端，近头状，有花 3 ～ 5 朵，稀单生，基部具叶状总苞，苞片披针形或狭披针形；花萼长约 2.2 厘米，裂片卵形或略宽，与萼管等长或略长，顶端渐尖，具细尖头，两面均被毛；花瓣玫瑰红色或粉红色，倒卵形，顶端圆形，密被缘毛。蒴果坛状球形，与宿存花萼贴生，长 1 ～ 1.5 厘米，直径 8 ～ 12 毫米，密被鳞片状糙伏毛；种子镶于肉质胎座内。花期 5 ～ 7 月，果期 10 ～ 12 月。

野牡丹适用播种、扦插的繁殖方法。适宜在酸性土壤中生长，喜温暖湿润的气候，稍耐旱和耐瘠，以向阳、疏松且含腐殖质多的土壤栽培为好。具有很好的抗病虫害能力，可粗放管理。

野牡丹是美丽的观花植物，可孤植、片植或丛植参与园林景观布置。花苞陆续开放，花期较长，具有很高的观赏价值。另外，野牡丹植株的形态甚佳，管理较易，在园林绿化中逐渐被推广利用，适合花坛绿化种植或盆栽。

一品红

一品红是大戟科大戟属常绿灌木。一品红原产于美洲，广泛栽培于热带和亚热带。中国绝大部分地区均有栽培。

一品红有轻微毒性。根圆柱状，极多分枝。茎直立，高 1 ～ 3 米。叶互生，卵状椭圆形、长椭圆形或披针形，绿色，边缘全缘或浅裂或波状浅裂，叶面被短柔毛或无毛，叶背被柔毛。杯状花序多数聚伞排列于枝顶。花小，无花被，着生于总苞内；总苞坛状，淡绿色，边缘齿状 5 裂，裂片三角形，无毛。下具披针形苞叶 10 ～ 15 枚，通常全缘，有红、黄、白等色。花期 11 月至次年 3 月。常见栽培品种有重瓣一品红、一品黄、一品粉、球状一品红、三倍体一品红等。

一品红是短日照植物，喜温暖湿润、阳光充足的环境。生长适温为 25 ～ 30℃，冬季温度不低于 15℃。要求肥沃湿润的微酸性土壤。

一品红的扦插繁殖主要有半硬枝扦插和嫩枝扦插两种方式，在清晨剪取 10 厘米长的插穗，插穗切口切成平口或斜面，切口在芽基部节下 0.5 厘米处。用清水清洗干净流出的白色胶质乳液并涂以新鲜黏土或草木灰，或者蘸一下生根粉，以促其生根。插穗插入基质的深度一般不超过 2.5 厘米，扦插的株行距为 4 厘米 ×4 厘米，15 ～ 18 天生根。定植 3 周后进行摘心，以促进植株丰满并降低高度，摘心时留 4 ～ 6 个叶节。清明节前后将休眠老株换盆，剪除老根及病弱枝条，在生长过程中须摘心两次，第一次在 6 月下旬，第二次在 8 月中旬。栽培过程中控制大肥大水。待枝条长 20 ～ 30 厘米时开始整形做弯，使株形

一品红

矮小，花头整齐，分布均匀，提高观赏性。

一品红花色鲜艳，花期长，正值圣诞、元旦、春节开花，盆栽布置室内环境可增加喜庆气氛；也适宜布置会议室等公共场所。南方暖地可露地栽培，美化庭园，也可作切花。一品红全株可入药。

针垫花

针垫花是山龙眼科针垫花属落叶灌木。又称银宝树、风铃花。针垫花主要分布于南非和津巴布韦。

针垫花为常绿蔓性灌木，少数为小乔木。叶轮生，硬质，多为针状、心形或矛尖状，边缘或叶尖有锯齿。花序密集，头状花序，单生或少数聚生。花冠小，针状。

针垫花喜湿暖、阳光充足、通风良好的环境，对土壤要求不高，肥沃、排水良好即可。生长期宜充分浇水，冬季不耐寒。采用播种和扦插繁殖，一般在春季进行。

针垫花形如其名，花朵开放时像大头针插在球形的针垫上，且颜色多种多样，常见的有红色、黄色、橙色等，是理想的花艺材料，可用于园林绿化盆栽、作高档切花和干花，但主要用于鲜切花。

第 3 章

木质藤本植物

大血藤

大血藤是被子植物真双子叶植物毛茛目木通科大血藤属的一种。名出《植物名实图考》，因其新鲜茎藤切面渗漏红色汁液而得名。

◆ 分布

大血藤广布于中国华中、华东、华南及西南等地；主要分布在山坡灌丛、疏林和林缘等，海拔常为数百米。越南北部和老挝也有分布。

大血藤化石首先发现于北美佛蒙特州（Vermont）地层，时间大约在渐新世，说明该植物在地质历史上曾有过比现在大得多的分布范围。

◆ 形态特征

大血藤系攀缘木质落叶藤本植物，长可达 10 余米。藤径粗达 9 厘米；当年枝条暗红色，老树皮常常纵裂。冬芽卵形，具多枚鳞片。叶互生，三出复叶或兼具单叶；叶柄长于 3 ～ 12 厘米；小叶革质，顶生小叶近棱状倒卵圆形，长 4 ～ 12.5 厘米，宽 3 ～ 9 厘米，先端急尖，基部渐狭成 6 ～ 15 毫米的短柄，侧生小叶斜卵形，无小叶柄，先端急尖，上面绿色，下面淡绿色，干时常变为红褐色。总状花序下垂，长 6 ～ 12

大血藤植株

厘米，雄花与雌花同序或异序，绿色，梗长 2～5 厘米；萼片 6，两轮，覆瓦状排列，花瓣状，长圆形，长约 8 毫米，宽约 3 毫米，顶端钝；花瓣 6，很小，鳞片状，蜜腺性花瓣 6，很小，鳞片状，长约 1 毫米，蜜腺性；雄蕊长 3～4 毫米，花丝长仅为花药一半或更短，药隔先端略突出；退化雌蕊线形，长 1 毫米；雌花比雄花稍大，退化雄蕊长约 2 毫米，先端较突出；雌蕊多数，螺旋状生于卵状突起的花托上，子房瓶形，长约 2 毫米，花柱线形，柱头斜。浆果多数，近球形，直径约 1 厘米，成熟时黑蓝色，小果柄长约 1 厘米。种子卵球形，长约 5 毫米，黑色，光亮，平滑；种脐显著。花期 4～5 月，果期 6～9 月。

◆ **分类系统**

本种为木通科中比较古老、原始的类群。O. 施塔普夫（1925）和 J. 哈钦森（1964）曾根据大血藤属雌蕊和果实的独特性，即雌蕊多数螺旋排列在隆起的花托上；果柄伸长，着生在膨大的果托上；每心皮一胚珠，及其特殊的茎部维管束排列方式等特征把大血藤属提升为一个单型科——大血藤科。克朗奎斯特（1983）也接受大血藤科的处理，但当代分类系统（包括 APG）均把大血藤属置于木通科中。H. 洛孔特和 J.R. 埃斯特斯（1989）进一步认为在木通科内大血藤属和 *Boquila* 属之间建立姐妹群关系。

◆ **功能作用**

大血藤根及茎均可入药，有清热解毒、活血、祛风止痛的功效，用于治疗肠痈腹痛、热毒疮疡、闭经、痛经、跌扑肿痛、风湿痹痛等疾病。茎皮含纤维，可制绳索。枝条可作为藤条代用品。

20世纪70～80年代，大血藤野生资源量很大，后因大量采伐药用，加之植株生长缓慢，使资源量持续下降，物种处于濒危的边缘。即使在中国湖南西南部、陕西秦岭等核心分布区，大型植株及开花结果的成熟个体已难以找到。

地　锦

地锦是葡萄科地锦属木质藤本。地锦分布于中国吉林、辽宁、河北、河南、山东、安徽、江苏、浙江、福建等地。

地锦小枝圆柱形，几无毛或微被疏柔毛。卷须5～9分枝，相隔2节间断与叶对生。卷须顶端嫩时膨大呈圆珠形，后遇附着物扩大成吸盘。叶为单叶，倒卵圆形，通常3裂，幼苗或下部枝上叶较小，长4.5～17厘米，宽4～16厘米，顶端裂片急尖，基部心形，边缘有粗锯齿，上面绿色，无毛，下面浅绿色，无毛或中脉上疏生短柔毛。叶柄长4～12厘米，无毛或疏生短柔毛。花序着生在短枝上，基部分

地锦

枝，形成多歧聚伞花序。萼碟形，边缘全缘或呈波状，无毛。花瓣 5，
长椭圆形。果实球形，有种子 1 ～ 3 颗。种子倒卵圆形，顶端圆形，基
部急尖成短喙。种脐在背面中部呈圆形，腹部中棱脊突出，两侧洼穴呈
沟状，从种子基部向上达种子顶端。花果期 5 ～ 10 月。

地锦喜阴，耐寒，对土壤及气候适应能力很强，生长快。对氯气抗
性强。常攀附于岩壁、墙垣和树干上。

地锦是著名的垂直绿化植物，既能美化墙壁，又能防暑隔热，可在
宅院墙壁、围墙、庭院入口处、桥头石块等处配置。地锦根、茎可入药，
能祛瘀消肿。

风　龙

风龙是被子植物真双子叶植物毛茛目防己科风龙属的一种。又称青
藤、土藤、汉防己、山木通。

风龙分布于中国长江流域及其以南各地，北至陕西南部，南至广东
和广西北部，以及云南东南部。生长在山地路旁及山坡林缘、沟边。日
本、印度、尼泊尔和泰国也有分布。

风龙系木质藤本植物，藤长 5 ～ 7 米，最长达 20 余米。单叶，互生，
厚纸质，心状圆形或宽卵形，长 6 ～ 15 厘米，基部常心形，全缘或 5 ～ 7
浅裂，幼叶被茸毛，老叶无毛，或下面被毛，掌状脉 5 ～ 7 条；叶柄盾
状着生，长 5 ～ 15 厘米；无托叶。花小，淡绿色，单性，雌雄异株；
圆锥花序腋生；雄花序长 10 ～ 20（30）厘米；萼片外轮长圆形或窄长
圆形，长约 2 毫米，内轮近卵形，与外轮近等长；花瓣 6，稍肉质，长

0.7～1毫米，基部边缘内折，
包住花丝；雄蕊8～12，药
室近顶部开裂；雌花序较短，
雌花萼片及花瓣与雄花相似，
退化雄蕊9，丝状6；心皮3，
离生，花柱外弯，柱头分裂。
花期6～7月。核果扁球形，

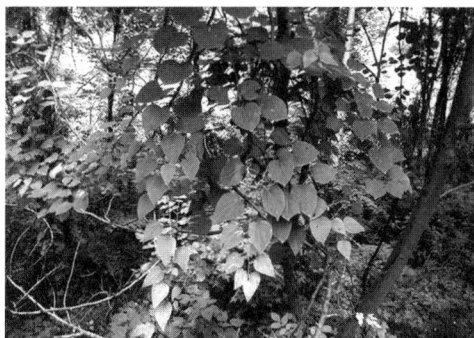
风龙

蓝黑色，直径5～6毫米，背部沿中肋具两行刺状凸起，两侧具小横肋
状雕纹，胎座迹片状。种子半月形，胚乳丰富，非嚼烂状。果期7～8月。
花粉粒3孔沟，穿孔状纹饰。

风龙茎、根和果实可入药，有利尿、通乳、消炎等功效，可治疗
风湿性关节炎和腰痛；种子榨油，可制肥皂；枝条是制藤椅等藤器的
原料。

杠 柳

杠柳是被子植物真双子叶植物龙胆目夹竹桃科杠柳属的一种。

杠柳分布于中国吉林、辽宁、内蒙古、河北、山东、山西、江苏、
河南、江西、贵州、四川、陕西和甘肃等地。生于平原及低山丘的林缘、
沟坡、河边沙质地或地埂等处。

杠柳系落叶木质藤本植物，常攀缠在他物上，有乳汁。除花外全株
无毛。叶披针形或长圆披针形，长6～10厘米，宽1.5～2.5厘米，全缘，
叶柄极短。聚伞花序腋生，着花数朵，花序梗和花梗柔弱；花萼裂片卵

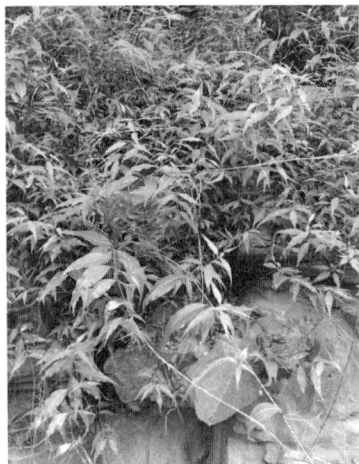

杠柳

圆形，长 3 毫米，宽 2 毫米，顶端钝，花萼内面基部有 10 个小腺体；花冠紫红色，辐射状，径 1.5 厘米，花冠裂片中间加厚，反卷，内面被长柔毛，外面无毛，副花冠环状，10 裂，其中 5 裂片近成丝状向里弯曲；雄蕊 5，着生于副花冠内面，花粉器匙形，四合花粉藏于载粉器内，黏盘粘连在柱头上；心皮 2，离生，无毛，每心皮有胚珠多个，柱头盘状凸起。蓇葖果 2，圆柱状，长达 15 厘米。种子多，呈长圆形，顶端有白毛。花期 5～6 月，果期 7～9 月。

杠柳的根皮、茎皮可入药，称北五加皮或香加皮，有祛风湿、壮筋骨的功效，其中北五加皮强心作用很强，用量过多易中毒。

胡　椒

胡椒是胡椒科胡椒属多年生木质藤本植物。胡椒为重要的香辛作物。

◆ 分布

胡椒原产印度，后传入爪哇、马来西亚、斯里兰卡，现世界上有近 20 个国家栽培。主产地为印度、印度尼西亚和马来西亚。中国于 1951 年和 1954 年多次由马来西亚和印度尼西亚等地引入海南试种，并开始有较大面积栽培。1956 年后，广东、云南、广西、福建等地陆续试种。

主产地为海南和广东湛江。

◆ **形态特征**

胡椒茎攀缘生长，长可达 7～10 米，节膨大而有吸根。叶厚，近革质。通常雌雄同株，没有花被。穗状花序。单核浆果，球形，成熟时红色。种子黄白色。花期 6～10 月。

◆ **生长习性**

胡椒生长期要求气温较高。世界胡椒产区年平均气温为 25～27℃，但在中国年平均温度为 19.5～26℃的地区，也能正常开花结实。年降水量要求 1500～2400 毫米，分布均匀。枝蔓纤弱，以静风环境为宜。一龄生胡椒需轻度荫蔽，结果期要求光照充足。排水良好、土层深厚、土质疏松、pH5.5～7.0 的土壤利于生长。幼龄期以施氮肥为主，结果期要加施钾肥。经济寿命 20～30 年。

◆ **繁殖**

胡椒一般用插条繁殖。从 1～3 年生的植株切取插条，培育约 20 天长出新根后便可定植（斜植）。株行距 2 米 ×2 米左右。植后遮阴。幼苗长出主蔓后，将主蔓缚在高约 2 米的支柱上。苗高 1.2 米时进行第一次剪蔓，以后剪 3～4 次，最后保留 4～6 条蔓，使之发育成圆筒状株型。株高一般控制在 2.5 米左右。幼龄植株以施氮肥为主，结果植株要加施钾肥。雨季注意排水、盖草、培土。胡椒栽培过程中危害最大的是胡椒瘟病，发病初期可用化学药剂控制蔓延；此外，还有细菌性叶斑病、花叶病（病毒病）和根病等。害虫有根瘤线虫、介壳虫类、蚜虫等，可用有机磷杀虫剂防治。

◆ **采收及利用**

胡椒种植后 3 ～ 4 年便有收获。从开花到果实成熟需 9 ～ 10 个月，秋花的果实在 5 ～ 7 月收获（海南产区），春花的果实在 1 ～ 2 月收获（广东湛江产区）。果实变黄、每穗果实有 3 ～ 5 粒转红时即为采收适期。种子含胡椒碱 5% ～ 9%，挥发油 1% ～ 2.5%，在食品工业中用作调味料、防腐剂，医学上用作健胃、利尿剂。果穗收获后直接晒干脱粒者为黑胡椒，制成率 33% ～ 36%；收后在流水中浸泡 7 ～ 10 天，果皮、果肉全部腐烂后洗净晒干者为白胡椒，制成率为 25% ～ 27%。

华中五味子

华中五味子是木兰科五味子属多年生植物。又称山花椒等。以干燥成熟果实入药，名为南五味子。华中五味子在中国主要分布于陕西、甘肃、湖北、四川、云南、西藏等地。已实现人工栽培。

◆ **形态特征**

华中五味子为落叶木质藤本植物。根系呈水平分布，没有明显的主根。芽鳞具长缘毛。叶纸质，倒卵形、宽倒卵形、倒卵状长圆形或圆形。雌雄异株。雄花雄蕊群倒卵圆形，雌花雌蕊群卵球形。花生于小枝近基部叶腋，花被片橙黄色，椭圆形或长圆状倒卵形。小浆果红色。种子长圆形或肾形。花期 4 ～ 7 月，果期 7 ～ 9 月。

◆ **生长习性**

华中五味子喜阴凉湿润气候，耐寒，不耐水浸。需适度荫蔽，幼苗期忌烈日照射。以疏松、肥沃、富含腐殖质的壤土为宜。

◆ **繁殖方法**

华中五味子可采用种子繁殖、扦插繁殖或嫁接繁殖。

◆ **栽培管理**

华中五味子栽培管理要点有：①选地与整地。华中五味子为浅根性树种。南方地区多雨易涝，整地宜起高垄。整地时施入腐熟有机肥。②田间管理。栽植后应保持栽植带内土壤疏松无杂草。每年追肥 2 次，追肥后或干旱时均及时灌水。从发芽到果实成熟期间保证水分供应。如有积水应立即排除。幼树设立架杆，引蔓上架。对主干上 60

华中五味子

厘米以下的所有分枝夏季摘心，冬季疏除。结果树修剪，以调整结果枝和营养枝的比例。在始花期，及时对旺春梢摘心打尖，控制生长；5 月要进行疏果。在 6 ～ 7 月及时对徒长枝进行摘心。③病虫害防治。黑斑病常引起叶片干枯，影响花芽的分化和成熟。夏、秋季发病期用杀菌剂防治。

◆ **采收加工**

华中五味子果实在 7 ～ 8 月成熟，当果实呈紫红色时分批采收。晒干或烘干。

◆ **药用价值**

南五味子味酸、甘，性温。归肺、心、肾经。具收敛固涩、益气生津、补肾宁心功效。用于久咳虚喘、梦遗滑精、遗尿尿频、久泻不止、自汗盗汗、津伤口渴、内热消渴、心悸失眠等。具有保肝、保护中枢神经系统、抗衰老、抗肿瘤等作用。除药用外，还广泛应用于食品、饮料、酿酒、保健品、纺织染料等诸多生产领域。

两面针

两面针是芸香科花椒属木质藤本植物。又称入地金牛、双面针、双背针等。以其干燥根入药，药材名两面针。两面针在中国分布于广东、海南、浙江、江西、福建、台湾、湖南等地。

◆ 形态特征

两面针幼株为直立灌木。茎枝、叶轴下面及小叶两面中脉常具钩刺。奇数羽状复叶，小叶（3）5～11，小叶对生，厚纸质至革质，宽卵形、近圆形，或窄长椭圆形，长3～12厘米，先端尾状，凹缺具油腺点，基部圆或宽楔形，疏生浅齿或近全缘，两面无毛。聚伞状圆锥花序腋生，萼片4，稍紫红色；花瓣4，淡黄绿色，长约3毫米；雄花具4雄蕊；雌花雌蕊具（3）4心皮。果皮红褐色，果瓣径5.5～7毫米，顶端具短芒尖，油腺点多；果柄长2～5毫米。种子近球形，径5～6毫米。花期3～5月，果期9～11月。

◆ 生长习性

两面针野生于较干燥的山坡灌木丛中或疏林中及路旁。喜温暖湿润的环境，生长适宜温度为30℃。对土壤要求不严，除盐碱地不宜种植外，一般土壤均能种植。忌积水。

◆ **繁殖方法**

两面针有种子繁殖、扦插繁殖和组织培养3种方法，常规条件下大规模种植时可采用种子繁殖。于当年冬季或次年春季取出贮藏的种茎栽种，以春栽为好，宜早不宜迟，一般早春地表5厘米地温稳定在6～8℃时，即可用温床或火炕进行种茎催芽。催芽温度保持在20℃左右时，15天左右芽便能萌动。2月底至3月初，雨水至惊蛰间，当地表5厘米地温达8～10℃时，催芽种茎的芽鞘发白时即可栽种。每亩需种茎50～60千克，适当密植，生长均匀且产量高。栽后遇干旱天气，需及时浇水，始终保持土壤湿润。

◆ **栽培管理**

两面针栽培管理要点有：①选地与整地。宜选择向阳，排水良好，土层深厚而且疏松肥沃的壤土，全垦，深耕30厘米，碎土耙平，做畦，开排水沟。②田间管理。定植后1～2年内，每年中耕除草4～5次，其间可间种花生、大豆等农作物。2年后，每年中耕除草3～4次。幼苗期每月追施1次人粪尿或尿素。定植后，每年夏冬季各追施1次草皮泥、堆肥和厩肥。每次追肥后培土。根据两面针生物学特性，干旱时浇水，多雨时排水。③病虫害防治。茎腐病多发生于梅雨季节。避免在下雨前淋肥；苗木徒长，茎木质化程度差，易发生茎腐病，

两面针

导致成片苗木死亡。黄化病是苗圃中常见病害，大多是由于缺氮，或者缺铁、钾、磷素等引起的，其中以缺铁较为常见。茎腐病和黄化病防治方法为：定期或不定期交替喷施甲基托布津、百菌清、菌毒清、多菌灵、吡虫啉、敌百虫和氯氰菊酯等药剂。

◆ 采收加工

两面针以根入药。一般栽培 5 ～ 6 年后采收。于冬季采挖，洗净泥沙，切片晒干即可。

◆ 药用价值

药材两面针味苦、辛，性平。归肝、胃经。具行气止痛，活血化瘀，通络祛风等功效。主治牙痛、胃脘痛、跌打损伤、风湿骨痛、毒蛇咬伤。随着研究的深入，两面针显示出多种药理活性，具抗炎、镇痛、镇静、抗氧化、抗癌、抗菌、抗胃溃疡、对心肌缺血再灌注的保护等作用。两面针中的生物碱类具有较强的药理活性，是该药材发挥药效的主要有效成分，但同时也有可能是两面针具有小毒副作用的物质基础来源，这提示在对两面针或两面针中的活性单体成分进行临床应用时，需要对其剂量进行严格的控制，使药物在发挥治疗效果的同时确保用药安全。

凌 霄

凌霄是紫葳科凌霄属落叶木质藤本。凌霄分布于中国河北、河南、山东、陕西，南至长江以南，西至四川。日本也有分布。生于山谷湿处及林下。

凌霄茎木质，表皮脱落，枯褐色，靠茎上气根攀附他物。叶对生，奇数羽状复叶，小叶7～9个，稀至11个，卵形或卵状披针形，长4～6厘米，边缘有粗锯齿。圆锥花序顶生，花大，两性，花萼钟状，5深裂，花冠漏斗状钟形，裂片5，橘红色，雄蕊4，2长2短。蒴果

凌霄花

顶端钝，长细棍形，2裂，种子多，有膜翅。花期5～8月，果期7～9月。

凌霄可用来攀缘棚架、花门、假山或墙垣等，也可植于阳台和廊柱。凌霄花可用来制作通经利尿中药，出自《本草图经》。

络　石

络石是夹竹桃科络石属常绿木质藤本植物。络石原产于中国黄河流域以南，南北各地均有栽培。

◆ 形态特征

络石长达10米，具乳汁。茎赤褐色，圆柱形，有皮孔。小枝被黄色柔毛，老时渐无毛。叶革质或近革质，椭圆形至卵状椭圆形或宽倒卵形，长2～10厘米，宽1～4.5厘米，顶端锐尖至渐尖或钝，有时微凹或有小凸尖，基部渐狭至钝。叶面无毛，叶背被疏短柔毛，老渐无毛；叶面中脉微凹，侧脉扁平，叶背中脉凸起，侧脉每边6～12条，扁平或稍凸起。叶柄短，被短柔毛，老渐无毛；叶柄内和叶腋外腺体钻形，长约1毫米。

络石二歧聚伞花序腋生或顶生，花多朵组成圆锥状，与叶等长或较长；花白色，芳香。总花梗长 2 ～ 5 厘米，被柔毛，老时渐无毛；苞片及小苞片狭披针形，长 1 ～ 2 毫米；花萼 5 深裂，裂片线状披针形，顶部反卷，长 2 ～ 5 毫米，外面被长柔毛及缘毛，内面无毛，基部具 10 枚鳞片状腺体；花蕾顶端钝，花冠筒圆筒形，中部膨大，外面无毛，内面在喉部及雄蕊着生处被短柔毛，长 5 ～ 10 毫米，花冠裂片长 5 ～ 10 毫米，无毛。雄蕊着生在花冠筒中部，腹部黏生在柱头上，花药箭头状，基部具耳，隐藏在花喉内；花盘环状 5 裂与子房等长。子房由 2 个离生心皮组成，无毛，花柱圆柱状，柱头卵圆形，顶端全缘；每心皮有胚珠多颗，着生于 2 个并生的侧膜胎座

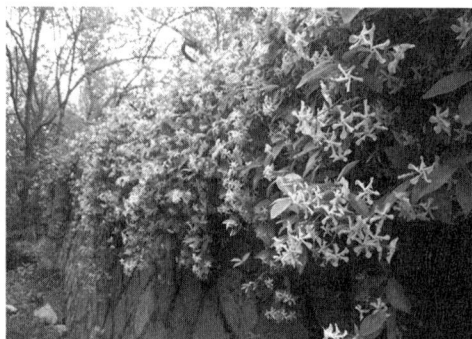

络石

上。蓇葖双生，叉开，无毛，线状披针形，向先端渐尖，长 10 ～ 20 厘米，宽 3 ～ 10 毫米。种子多颗，褐色，线形，长 1.5 ～ 2 厘米，直径约 2 毫米，顶端具白色绢质种毛；种毛长 1.5 ～ 3 厘米。花期 3 ～ 7 月，果期 7 ～ 12 月。

◆ 生长习性

络石喜光，稍耐阴、耐旱，耐水淹能力也很强，可耐 -23℃低温。抗污染能力强，生长快，叶常革质，表面有蜡质层，对有害气体如二氧化硫、氯化氢、氟化物及汽车尾气等光化学烟雾有较强抗性；对粉尘的

吸滞能力强，能使空气得到净化。

◆ **繁殖**

络石采用压条、扦插繁殖，翌年便可开花；播种苗要三四年后才能开花。适应性极强，对土壤要求不严。容易培育，管理粗放。

◆ **价值**

络石在园林中多作地被或盆栽观赏，为芳香花卉，花可提取络石浸膏。根、茎、叶、果实供药用，有祛风活络、利关节、止血、止痛消肿、清热解毒之效能，民间用来治疗关节炎、肌肉痹痛、跌打损伤、产后腹痛等；中国安徽地区有用于治疗血吸虫腹水病。络石乳汁有毒，对心脏有毒害作用。络石茎皮纤维拉力强，可制绳索、造纸及制人造棉。

买麻藤

买麻藤是裸子植物买麻藤目买麻藤科买麻藤属的一种。

◆ **分布**

买麻藤产于中国云南南部北纬25°以南（泸西、景东、思茅、西双版纳、屏边）及广西（上思、容县、罗城）、广东（云雾山、罗浮山及海南岛）海拔1600～2000米地带的森林中，缠于树上。印度、缅甸、泰国、老挝及越南也有分布。

◆ **形态特征**

买麻藤为木质藤本，高10米以上。单叶，对生，叶形多变，通常为长圆形，革质或半革质，长10～25厘米，宽4～11厘米。雌雄异株，花单性。雄球花形成雄球花序，1～2回三出分枝，圆柱形，具

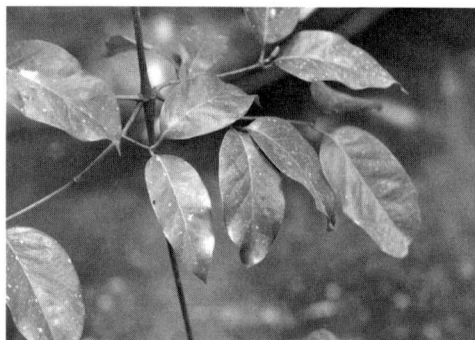
买麻藤叶

13 ～ 17 轮环状总苞，每轮环状总苞内有 25 ～ 45 枚雄花，花丝连合，雄花外面有稍肥厚而呈盾形筒状的假花被。雌球花亦多个形成雌球花序，侧生于老枝上，单生或数个雌球花序丛生。每轮环状总苞内有 5 ～ 8 枚雌花，每个雌花外有囊状的假花被，紧包于胚珠的外面。种子核果状，长圆形、椭圆形或长卵圆形，长 1.4 ～ 2 厘米。成熟时假花被形成黄褐色或红褐色的肉质假种皮，有时具银色鳞斑。

◆ 分类系统

分子系统学研究中显示买麻藤不是一个单系，买麻藤的不同个体与罗浮买麻藤、小叶买麻藤、海南买麻藤、*G. indicum* 等物种在系统树上穿插分布，形成一支。

◆ 价值

买麻藤茎皮的纤维可织麻袋和渔网等；种子可炒食，也可榨油，供食用或作润滑油。具有抑菌、强心、解痉和镇咳作用，药用时可祛风除湿、活血化瘀；茎叶治跌打损伤，风湿骨痛，且对慢性支气管炎和急性呼吸道感染有一定的作用。种皮内的毛有毒，可致头晕、呕吐。

密花豆

密花豆是豆科密花豆属多年生木质藤本植物。又称九层风、鸡血藤。

干燥藤茎入药，药材名鸡血藤。

密花豆在中国分布在云南、广西、广东、福建等地，主要栽培区为云南、广西、广东、福建等地。

◆ **形态特征**

密花豆为攀缘藤本，幼时呈灌木状。叶片椭圆形或卵状椭圆形，长6～13厘米，宽3～6厘米。花单性同株，雄花花被片乳黄色，14～18片；雄蕊群椭圆体形或近球形，具雄蕊约60枚。雌花花被片与雄花的相似而较大；雌蕊群卵圆形或近球形，具雌蕊60～70枚。荚果近镰形。种子扁长圆形。花果期7～10月。

◆ **生长习性**

密花豆喜温暖、喜光也稍耐阴。多生于山谷林间、溪边、灌丛、路边。茎蔓以右旋缠绕他物向上生长。

◆ **繁殖方式**

密花豆可种子繁殖和扦插繁殖，但以扦插繁殖为主。于3～4月份扦插繁殖，插穗选大于1年、直径1～2厘米半木质化枝条，每穗留2～3个芽点。

◆ **栽培管理**

密花豆栽培管理要点有：①选地和整地。选疏松、肥沃、排水好的山坡疏林地。翻耕、碎土、整平，起畦宽100～120厘米、畦高20厘米。②田间管理。苗期荫蔽度为50%～80%；春植，3～5月；秋植，9～10月。封行前每年中耕除草4次。追施复合肥2～3次。③病虫害防治。主要有根腐病、黄化病及螨虫等。防治方法：加强田间管理；及时喷洒杀菌剂、杀虫剂。

◆ 采收加工

密花豆播种 5 年后秋冬季晴天间伐。洗净晾干，切薄片 3 ～ 8 毫米，翻动摊晒至发脆时，水分低于 13% 包装入库。

◆ 药用价值

鸡血藤味苦、甘，性温。归肝、肾经。具活血补血，调经止痛，舒筋活络功效。主治月经不调、痛经、经闭、风湿痹痛、麻木瘫痪、血虚萎黄等病症。

木 通

木通是被子植物真双子叶植物毛茛目木通科木通属的一种。又称五叶木通。始载于《神农本草经》，列为中品，名为通草。因其木藤茎断面布满导管空洞而得名。

木通广布于中国长江流域，如安徽、福建、河南、河北、湖南、江苏、江西、山东、四川、浙江等地；主要分布在林缘、山坡、溪流边，海拔 300 ～ 1500 米。日本和朝鲜半岛也有分布。

木通为落叶、半常绿木质藤本，攀缘状。藤干灰棕色，纤细；皮孔小而凸起，圆球状；冬芽外层鳞片覆瓦状排列，浅红棕色。叶簇生短枝上，叶柄细，长 4.5 ～ 10 厘米；掌状复叶通常具 5 小叶，纸质，全缘，小叶柄细，长 0.8 ～ 1.5（2.5）厘米，倒卵形或长倒卵形，基部圆形或广楔形，叶顶端圆形，中部常微凹；无托叶。总状花序或伞房状花序下垂，腋生于短枝上，长（3）6 ～ 13 厘米，每个花序有雄花 4 ～ 8

（11），位于上部，雌花 2，远比雄花大，位于花序基部或有时缺；雄花萼片 3，卵圆形，紫色，花瓣状，大小为（6～8）毫米×（4～6）毫米，开花时内凹，反折；无花瓣；雄蕊 6（～7），几无花丝，紫黑色，偶有绿黄色或淡红色，长 4～5 毫米，内弯而扣在退化心皮上方；退化雌蕊 3～6，很小；雌花萼片暗紫色，开花时伸展；退化雄蕊

木通

6～9；心皮 3～6（～9），离生，柱头盾状，紫红色，胚珠多数。浆果肉质，椭圆形，大小为（5～8）厘米×（3～4）厘米，熟时暗紫色，沿腹缝线开裂，露出白瓤和棕色或黑色种子。花期 4～5 月，果期 6～8 月。

木通果实及藤可入药，为降火利水、宣通湿滞的常用中药，具有利尿通淋、通经下乳之功效。果实味甜可食，也可酿酒；种子含油 20%，可制皂。藤茎可编制用具。中国亚热带地区植物园及欧美等温带地区植物园常有栽培。

三叶木通

三叶木通是木通科木通属一种落叶木质藤本植物。以干燥藤茎入药，药材名木通。又称八月瓜、八月炸、八月楂等。

三叶木通野生资源主要分布于中国长江流域大部分地区及华北等

地，主要栽培产区为江西、四川、湖南和湖北等地。日本也有分布。

◆ **形态特征**

三叶木通藤茎圆柱形，表面灰棕色或灰褐色，有突出的圆形皮孔。掌状三出复叶，互生。总状花序腋生，雄花生于上部，雄蕊 6 枚，离生，雌花生于下部，雄蕊退化；萼片 3，紫褐色，近圆形；心皮 3 ～ 9 枚，离生，圆柱形。果实为浆果，长圆形，果皮灰白略带淡紫色，成熟后沿腹缝线开裂。种子多数，扁卵形，种皮红褐色或黑褐色。花期 4 ～ 5 月，果期 7 ～ 8 月。

◆ **生长习性**

三叶木通喜阴、喜湿、耐寒、怕旱、怕涝。宜选择气候凉爽、质地疏松、排水良好的沙壤土种植。盐碱土、重黏土及低洼积水之地不宜种植。野生多见于低海拔山坡、疏林下或草丛中。

◆ **繁殖方法**

三叶木通多采用扦插繁殖，也可种子繁殖、压条繁殖、分根繁殖。扦插繁殖在春季 2 月下旬至 3 月中上旬，选择生长健壮、无病虫害并冷藏越冬的 1 ～ 2 年生带芽枝条，剪成长 20 ～ 25 厘米的枝条（3 个芽），用生根粉进行浸泡，取出晾干后，株行距（15 ～ 20）厘米 ×（20 ～ 25）厘米，入土深度 15 ～ 20 厘米，地面露出 5 ～ 10 厘米，扦插完毕后压实畦土，浇透水，苗床注意遮阴保湿，以提高成活率，扦插后约 1 月开始生根，50 天后幼芽开始萌发长成幼叶，可适量施叶面肥促进幼叶生长，待 80 ～ 90 天时原插穗基本木质化，新抽藤蔓长度为 30 ～ 50 厘米时即可定植。

◆ **栽培管理**

选地与整地

宜选土层疏松、土壤肥沃、排水良好的地块种植三叶木通，以微酸或中性沙壤土为宜。低洼易涝地不宜种植。早期林地可与豆类或药用植物间作套作。深翻土壤，作畦宽 1.8～2.0 米、沟深 30 厘米，沟宽 30 厘米，畦面整平耙细。按照行株距 2 米 × 3 米挖穴，穴直径 30～40 厘米，穴深 25～30 厘米，每穴施入适量的腐熟农家肥、磷肥作基肥，并与穴土拌匀，备用。

定植

在 10 月～翌年 3 月进行三叶木通定植，选择阴天，将种苗放在种植穴中央，让根自然散开，每穴 2 株，覆土压实，浇定根水。每亩定植苗数为 190～220 株。

田间管理

三叶木通栽培田间管理要点有：①中耕除草。以人工拔草 1～2 次，中耕除草深度 10～15 厘米为宜，避免伤根。②施肥。根据生长势，追肥 1～2 次，距植株 30 厘米以内，开挖浅沟，施入适量氮、钾肥，并立即浇水。③立架修剪。及时用竹竿、木棍或绳索引藤茎上架，每株保留 1 个粗壮的主蔓，抹掉其余的芽，选留 2～3 个强壮侧蔓作为营养生长蔓，加快树冠形成。冬季剪掉分布不均枝蔓、过密蔓、细弱蔓、病伤蔓、重叠蔓。④浇水和排水。夏季多雨季节，及时清沟排水。干旱时及时浇水。

病虫害防治

炭疽病为三叶木通常见病害。主要危害叶片和枝条。发病初期，病斑多为暗褐色，呈水渍状，后期病斑逐渐扩大，出现同心轮纹，严重时叶片干枯死亡。防治方法：①合理轮作。②增施磷、钾肥，增强植株抗病性。③注意防旱排涝及通风透光，以降低土壤湿度。④及时发现并剪除病株残体。⑤化学防治。发病初期，及时在病株周围用杀菌剂喷雾。其他尚有红蜘蛛、蚜虫等害虫为害。

三叶木通

◆ 采收与加工

三叶木通定植后第3年9月下旬至11月中旬，截取茎部，除去细枝，置于通风阴凉处，阴干，即为木通药材。

◆ 药用价值

木通味苦，性寒。归心、小肠、膀胱经。具有利尿通淋，清心除烦，通经下乳的功效。主治淋证，水肿，心烦尿赤，口舌生疮，经闭乳少，湿热痹痛。含有三萜皂苷类（齐墩果酸、常春藤皂苷等）、苯乙醇苷类（木通苯乙醇苷B）、木脂素类及多糖类等成分。《中华人民共和国药典》（2015版一部）规定木通的木通苯乙醇苷B不得少于0.15%。现代药理研究证明，三叶木通提取物还具有抗氧化、抗肿瘤、抗炎、抗菌、利尿等作用。

南蛇藤

南蛇藤是被子植物真双子叶植物卫矛目卫矛科南蛇藤属的一种。名出《植物明实图考》，因其叶似南藤、根微似蛇而得名。

南蛇藤主要分布在林缘、山坡、灌丛或林内。产于中国黑龙江、吉林、辽宁、内蒙古、河北、山东、山西、河南、陕西、甘肃、江苏、安徽、浙江、江西、湖北等地，为南蛇藤属在中国分布最广泛的种之一。朝鲜、日本也有分布。

南蛇藤为攀缘木质藤本。小枝光滑无毛，灰棕色或棕褐色，具稀而不明显的皮孔。腋芽小，卵状到卵圆状，长1～3毫米。叶通常阔倒卵形、近圆形或长方椭圆形，长5～13厘米，宽3～9厘

南蛇藤

米，先端圆阔，具有小尖头或短渐尖，基部阔楔形到近钝圆形，边缘具锯齿，两面光滑无毛或叶背脉上具稀疏短柔毛，侧脉3～5对。叶柄细长1～2厘米。聚伞花序腋生，间有顶生，花序长1～3厘米。小花1～3朵，偶1～2朵，小花梗关节在中部以下或近基部。雄花萼片钝三角形。花瓣倒卵椭圆形或长方形，长3～4厘米，宽2～2.5毫米。花盘浅杯状，裂片浅，顶端圆钝。雄蕊长2～3毫米，退化雌蕊不发达。雌花花冠较雄花窄小，花盘稍深厚，肉质，退化雄蕊极短小。子房近球状，花柱长约1.5毫米，柱头3深裂，裂端再2浅裂。蒴果近球状，直径8～10毫米。种子椭圆状稍扁，长4～5毫米，直径2.5～3毫米，赤褐色。花期5～6月，果期7～10月。

南蛇藤木质茎可入药，具有祛风除湿、通经止痛、活血解毒等功效。

使君子

使君子是使君子科使君子属木质藤本植物。以干燥成熟果实入药，药材名使君子。又称留求子、君子仁、川君子、建君子。

使君子野生资源主要分布于中国江西、福建、广东、湖南、四川、贵州和云南等地，四川是使君子药材的道地产区。印度、缅甸及菲律宾也有分布。

◆ **形态特征**

使君子单叶对生，叶片卵形或椭圆形。伞房式穗状花序顶生。花冠初放时白色，后转为红色，芳香，花瓣5，雄蕊10枚，雌蕊1，子房下位。果实长卵形或椭圆形，具明显锐棱角5条；成熟后外果皮黑褐色，内含种子1粒。种子白色，圆柱状纺锤形。花期5～9月，果期6～10月。

◆ **生长习性**

使君子喜阳光充足，温暖湿润气候，忌寒冷，怕大风。宜选择地势高、阳光充足、土层深厚疏松、排水良好、pH 6～7的沙壤土；盐碱土、重黏土及低洼积水之地不宜种植。野生多生于山谷林缘、溪边及平原地区较向阳的路旁。

◆ **繁殖方法**

使君子多采用扦插繁殖，也可种子繁殖、分根繁殖、压条繁殖。其中，扦插繁殖需采集上年生的木质化枝条，插条有3个腋芽以上，下部切口距离节1～1.5厘米，去除基部叶片，可保留嫩芽。插条基部可用生根剂浸润，插条插入基质深度为插条长度的 1/2 ～ 1/3，株行距 10 厘米 ×10 厘米，插后浇透水，并搭棚遮阴。育苗地外界温度维持在 20 ～ 28℃，相对湿度 80% ～ 90%，扦插后约 1 个月可生根。

◆ **栽培管理**

选地与整地

宜选地势高、阳光充足、土层疏松肥沃、排水良好、pH6 ～ 7 的沙壤地种植使君子。播种前，深翻土层 40 ～ 50 厘米，整细耙平，做畦宽 1.8 ～ 2.0 米，沟深 30 厘米，沟宽 30 厘米。

定植

在 11 月～翌年 3 月进行使君子定植。在畦宽 1.8 ～ 2.0 米上种植 1 行，株距 2 米。穴深 40 ～ 50 厘米，每穴 1 株。每穴施入有机肥 400 克，草木灰 300 克，菜籽饼肥 45 克作基肥。覆土压实，浇定根水。每亩定植苗数为 150 ～ 170 株。

田间管理

使君子田间管理技术要点有：①除草。一般除草 2 次，以人工拔草为主。第 1 次在 5 月上中旬，选晴天进行中耕除草。第 2 次在 8 月上中旬，将杂草覆盖于植株基部周围。②施肥。5 月上旬，结合除草，施钾肥于植物周围，每亩 15 ～ 20 千克。开花前和花谢结果初期各追肥 1 次，选傍晚或阴天，采用环状沟施，浇灌人畜粪尿 750～1000 千克 / 亩。③修枝。每年修剪 2 次，修枝选择在晴天进行，第 1 次在早春，枝条未萌芽时进行修剪。第 2 次在采果后，修剪以枝条分布均匀为原则。④培土。冬季前培土或用稻草遮盖茎干基部防寒，保护其安全越冬。⑤浇水和排水。

高温干旱时及时浇水。春夏多雨季节及时排水。

病虫害防治

舞毒蛾为使君子常见虫害，主要以虫卵危害枝梢基部或枝干。防治方法：①整枝修剪，剪除枯枝和残枝、及时剪除病虫害枝，烧毁深埋。②生物防治。释放舞毒蛾天敌。③化学防治。喷洒杀虫剂防治。④利用灯光诱杀成虫。

◆ 采收与加工

使君子定植后第 3 年 10 月下旬，果皮变成紫黑色时，采用长竹竿击落成熟果实。将收集的果实放于通风处阴干或用微火烘干，以摇动有响声为度，即为使君子药材。

◆ 药用价值

使君子药材味甘，性温。归脾、胃经。具有杀虫消积的功效。主治蛔虫病，蛲虫病，虫积腹痛，小儿疳积。

使君子

含有脂肪油、氨基酸、有机酸、生物碱、糖类活性成分。《中华人民共和国药典》（2015 版一部）规定使君子的葫芦巴碱含量不得少于 0.20%。现代药理研究证明，使君子提取物具有杀虫与抗菌的作用。

五味子

五味子是木兰科五味子属多年生落叶木质藤本植物。又称北五味子、山花椒、辽五味等。其干燥成熟果实即为中药材五味子。五味子主产于中国东北、内蒙古等地。

◆ **形态特征**

五味子系落叶木质藤本。幼枝红褐色，老枝灰褐色，常起皱纹，片状剥落。叶膜质，宽椭圆形，卵形、倒卵形，宽倒卵形，或近圆形。雄花花梗长 5～25 毫米，中部以下具狭卵形、长 4～8 毫米的苞片，花被片粉白色或粉红色，6～9 片，长圆形或椭圆状长圆形；雄蕊长约 2 毫米，花药长约 1.5 毫米，无花丝或外 3 枚雄蕊具极短花丝，药隔凹入或稍凸出钝尖头；雄蕊仅 5（6）枚，互相靠贴，直立排列于长约 0.5 毫米的柱状花托顶端，形成近倒卵圆形的雄蕊群。雌花花梗长 17～38 毫米，花被片和雄花相似；雌蕊群近卵圆形，长 2～4 毫米，心皮 17～40，子房卵圆形或卵状椭圆体形，柱头鸡冠状，下端下延成 1～3 毫米的附属体。聚合果长 1.5～8.5 厘米，聚合果柄长 1.5～6.5 厘米；小浆果红色，近球形或倒卵圆形，径 6～8 毫米，果皮具不明显腺点。种子 1～2 粒，肾形，淡褐色，种皮光滑，种脐明显凹入成 U 形。花期 5～7 月，果期 7～10 月。

◆ **生长习性**

五味子生于海拔 1200～1700 米山区杂木林中、林缘或山沟的灌木丛中，缠绕在其他林木上生长。喜微酸性土壤，耐旱性较差。自然条件下，在肥沃、排水好、湿度均衡的土壤中发育最好。

◆ **繁殖方法**

五味子繁殖方法有种子繁殖、扦插繁殖、压条繁殖、分根繁殖等。

种子繁殖在 8 ～ 9 月，当五味子果实呈鲜红色至紫红色时，及时采集。采下的果实，浸泡 24 小时以上，去除果皮、果肉及空粒种子，再浸种 3 天，按 1 ∶ 3 比例与河沙混匀，埋藏在凉爽的地方。在翌年 4 月，当种子露白后即可播种。采用苗床播种，床高 20 厘米，床宽 1.1 ～ 1.2 米，结合苗床施足底肥。播前灌足底水，在播种前 7 天用硫酸亚铁消毒。采用条播，条距 15 厘米，播种沟深 3 厘米，播种量 5 千克/亩，每行播种 140 粒左右，播后覆土 2 ～ 2.5 厘米，浇透水，并用稻草保湿，播后 20 ～ 30 天即可陆续出苗，当有 1/3 幼苗出土后，搭架、遮阴、通风，并适时浇水、松土、间苗。苗高 15 ～ 20 厘米可出圃定植。硬枝扦插于早春未萌动前，剪取坚实、健壮的枝条，剪成 10 ～ 15 厘米长做插穗，用生根粉浸泡 24 小时后，按行距 13 厘米，株距 8 ～ 10 厘米，在塑料棚或温室内扦插，插后要遮阴，温度控制在 20 ～ 25℃。

◆ 栽培管理

田间管理

五味子栽培田块宜保持土壤疏松无杂草，入冬前在植株基部培土，做好树盘。春、夏、冬 3 季均可修剪枝条。春剪在枝条萌芽 5 天前进行，剪掉过密果枝和枯枝。夏剪在 5 月上中旬至 8 月上中旬进行，剪掉基生枝、膛枝、重叠枝、病虫枝等。冬剪在 11 月上旬至翌年 3 月下旬进行，剪掉枯枝、弱枝、病枝、根部萌发的地上茎，疏除过密的果枝。

病虫害防治

五味子常见病害有根腐病、叶枯病、果腐病、白粉病和黑斑病等，主要为害害虫为桑树桑螟（卷叶虫）等。应采用预防为主、综合防治的方法。选地势高干燥排水良好的土地种植，合理密植，使植株间能够通风透光；发现病株及时拔除，集中销毁。

◆ **采收加工**

五味子于栽后4～5年达盛果期，秋季果实呈深红色时采收。采后需晾晒或阴干。在晾晒时要搭架子，上面铺上苇席将新采的鲜果散开约3厘米厚，经4～5天皮皱略干，再行翻晾，

五味子果实

10～20天达干燥，干品手捏成团，松手即散，鲜红而有光泽。

◆ **药用价值**

五味子药材味酸、甘，性温。归肺、心、肾经。收敛固涩，益气生津，补肾宁心。用于久咳虚喘，梦遗滑精，遗尿尿频，久泻不止，自汗盗汗，津伤口渴，内热消渴，心悸失眠。

第 **4** 章

半灌木植物

草珊瑚

草珊瑚是金粟兰科草珊瑚属多年生常绿亚灌木。又称九节茶、竹节草、鸭脚节、牛膝头等。以其干燥全株入药，药材名肿节风。

草珊瑚在中国主要分布在江西、四川、云南、贵州、安徽、福建等地，并广泛种植。

◆ 形态特征

草珊瑚株高50～120厘米。茎直立，茎与枝均有膨大的节，节间有纵行较明显的脊和沟。单叶对生，具叶柄；叶革质，两面均无毛。穗状花序顶生，通常分枝，多少成圆锥花序状，雄蕊1枚，肉质，棒状至圆柱状，花药2室，生于药隔上部之两侧，侧向或有时内向；子房球形或卵形，无花柱，柱头近头状。核果球形，直径3～4毫米，熟时亮红色。花期6月，果期8～10月。

◆ 生长习性

草珊瑚适宜温暖湿润气候，喜阴凉环境，忌强光直射和高温干燥。喜腐殖质层深厚、疏松肥沃、微酸性的沙壤土，忌贫瘠、板结、易积水的黏重土壤。多为须根系，常分布于表土层，采收时易连根拔起。根部萌蘖能力强，常从近地面的根茎处发生分枝，而使植株呈丛生状。种子育苗的植株，定植后第 2 年开始结果。花期 8 ~ 9 月，果期 10 ~ 11 月。

◆ 繁殖方法

草珊瑚有扦插繁殖、分枝繁殖和种子繁殖等繁殖方式。生产上多采用扦插繁殖，此法成本低、繁殖快。

◆ 栽培管理

草珊瑚栽培管理要点有：①选地与整地。宜选灌溉方便，荫蔽的沙壤地段种植。秋、冬季翻挖土地，自然风化，翌春种植前整地。苗圃地选在阴湿、土层深厚、质地疏松的常绿阔叶林下地块为好。②田间管理。移栽后要及时查苗，要带土补栽，确保全苗。一般每年中耕 3 ~ 4 次，保持土壤疏松，田间无杂草。定植后要经常保持土壤湿润，如遇干旱，要及时灌溉浇水。多雨季节，如田间积水，要及时排除，以免引起烂根。间作遮阴耐阴性强，喜漫射光，所以宜选常绿阔叶林下种植。

◆ 采收加工

草珊瑚叶片活性成分含量比根、茎高。因此，在生长期中，可将植株下部浓绿的老叶摘下，晒干或直接加工成浸膏。一般秋季收割，将植株从离地面 5 ~ 10 厘米处割下，洗净晒干即可入药。亦可直接加工成浸膏，交制药厂作为生产中成药的原料。

◆ 药用价值

肿节风味辛、苦，性平。具清热解毒、祛风活血、消肿止痛等功效。

常用于流行性感冒、流行性
乙型脑炎、肺炎、阑尾炎、
盆腔炎、跌打损伤、风湿关
节痛、闭经、创口感染、菌
痢等。还可用于治疗胰腺癌、
胃癌、直肠癌、肝癌、食管
癌等恶性肿瘤。此外，尚有

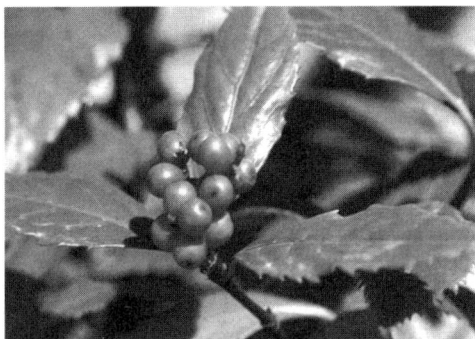

草珊瑚

广谱抗菌和消炎、降解尼古丁毒素、镇咳、祛痰作用等。

华北驼绒藜

华北驼绒藜是藜科驼绒藜属多年生落叶半灌木。又称驼绒蒿。

◆ 分布

华北驼绒藜为中国特有植物，分布于吉林、辽宁、河北、内蒙古、
山西、陕西、甘肃（南部）和四川（松潘）。

◆ 形态特征

华北驼绒藜

华北驼绒藜株高 1 ～ 2
米，根系发达，枝条丛生，
分枝集中于上部，全体被星
状毛。叶互生，披针形，长
2 ～ 8 厘米，宽 1 ～ 2.5 厘米，
先端锐尖或钝，基部楔形至
圆形，全缘，具明显羽状叶脉。

花单性，雌雄同株，雄花序细长而柔软，长6～9厘米；雌花管倒卵形，长3～4毫米，花管裂片短，为管长的1/4～1/5，先端钝，略向后弯，果熟时管外中上部具4束长毛，下部有短毛。胞果倒卵形，被毛，花果期6～9月。

◆ **生长习性**

华北驼绒藜生长于固定沙丘、沙地、荒地或山坡的干草原、草甸草原及荒漠草原。生态幅度较广，抗旱、耐寒、耐瘠薄，适应性较强，除低湿盐碱地、流动沙地外，各类土壤均能生长。

繁殖

华北驼绒藜主要有以下两种繁殖方法：①种子直播。选择壤土或沙壤土地块先整地再待雨后抢墒播种，条状耕翻的宜点播，全耕翻的宜撒播；播前种子去除混杂枝叶，播量22.5～30千克/公顷，种子小覆土约1厘米厚，发芽要求土壤湿度较高。育苗要选择适宜地块（壤土或沙壤土）作畦播种，杂草少可撒播，杂草多宜条播，条播行距30～35厘米。播后2天即可发芽，第三天出苗，4～5天即出齐苗。苗高15～20厘米时，应锄草。抓苗的关键是覆土深度及土壤湿度。②营养钵植苗移栽。在干草原或荒漠草原地区，由于雨季的迟早及降水量的多寡，可提前营养钵育苗，再移栽定植。当一年生苗高60～70厘米，可于第二年春（4月初）和秋（10月中下旬）移栽，移栽留根长度宜5厘米以上，春季移栽需灌溉2次以上；无灌溉条件时，将地上枝剪掉，留茬7～10厘米移栽。一般土壤含水量8%时，能保证移植成功。移栽株行距50厘米×100厘米。

采收

当华北驼绒藜种子成熟后，可通过用手直接捋来收获，收获种子放在通风的室内或棚内阴干，每天翻动，防止发霉。

价值

华北驼绒藜粗蛋白质、无氮浸出物含量较高，又富含钙、亮氨酸和赖氨酸等，为干旱半干旱草原区放牧及刈割草地优良饲用半灌木资源。骆驼、山羊、绵羊、马四季均喜食其枝叶，牛采食较差。华北驼绒藜可改良干旱区生态、防风固沙，是灌木防护带建设的重要生态草资源。

尖叶铁扫帚

尖叶铁扫帚是豆科胡枝子属草本状半灌木。又称尖叶胡枝子、铁扫帚、截叶铁扫帚等。

◆ 分布

尖叶铁扫帚主要分布于中国东北、内蒙古、河北、山西等地；俄罗斯、蒙古、朝鲜和日本也有分布。

◆ 形态特征

尖叶铁扫帚单生或丛生，株高 80 ～ 100 厘米。全株被伏毛，枝条以中细枝（直径 ≤ 1.9 毫米）为主，柔软。叶片繁盛，中部叶量最大，叶色有浓绿型和黄绿型两种。托叶线形，长约 2 毫米；叶柄长 0.5 ～ 1.2 厘米；小叶披针形、长圆状披针形或倒披针形，长 0.5 ～ 3.5 厘米，宽 3.7 毫米，有小刺尖，表面近无毛，背面密被伏毛，边缘稍内卷，顶生小叶

尖叶铁扫帚

较大。总状花序腋生，有长梗，稍超出叶，3～7朵花排列成近伞形花序；苞及小苞卵状披针形或狭披针形，长约1毫米；花萼狭钟形，长3～4毫米，5深裂，裂片披针形，先端锐尖，外面被白色伏毛，花后具明显3脉；花冠白色或淡黄色，旗瓣基部带紫斑，龙骨瓣先端带紫色，旗瓣与龙骨瓣、翼瓣近等长，有时旗瓣较短；闭锁花簇生于叶腋，近无梗。黄绿型尖叶胡枝子花粉粒呈长椭圆形，大小约为36微米×19微米，网眼中未见有瘤状物；而浓绿型尖叶胡枝子花粉粒呈长球形，大小约为33微米×16微米，网眼中有瘤状物。荚果长1.8～3.6厘米，宽1.6～2.1厘米，两面被白色茸毛，稍超出萼。种子表面光滑，长1.1～2.4厘米，宽1.0～1.6厘米。种子千粒重1.2～2.0克。花期7～9月，果期9～10月。

◆ 生长习性

尖叶铁扫帚属于阳生、中旱生植物，气候适应范围广。具有一定的耐寒、耐瘠薄、耐酸碱和耐阴能力。主要生长在草甸草原带的丘陵坡地、沙质地上，也出现在栋林边缘的干山坡上。

◆ 繁殖

尖叶铁扫帚一般采用种子繁殖。播种前需用98%浓硫酸、90℃热水浸种、机械摩擦等方式破除硬实后播种，提高出苗率。

◆ **栽培管理**

尖叶铁扫帚在春季播种,播种地选择排水良好的壤土,播种量 6.0
千克 / 公顷为宜,覆土深度为 1.5 ～ 2.0 厘米,行距 40 ～ 45 厘米。幼
苗长至 10 厘米左右时适时松土,除草 1 ～ 2 次,播种当年秋季浇冻水。

◆ **采收**

尖叶铁扫帚生长第二年开始草产量较高,分枝期至结实期适宜采收,
分枝期粗蛋白含量最高,现蕾期粗脂肪含量最高。采收后可青贮,也可
直接饲喂家畜,羊尤为喜食。汁叶晒干后也可调制成草粉,兔、鸡、猪
均可取食。一年可刈割两次以上,采收时应避免雨淋,影响牧草品质。

◆ **价值**

尖叶铁扫帚鲜嫩茎叶的适口性好,粗蛋白、钙、磷含量高,粗纤
维少,具有较高饲用价值,也是重要的水土保持先锋植物。地上部分
含牡荆素、荭草素、异荭草素、尖叶铁扫帚酚、尖叶铁扫帚罗酚、杨
梅素、肥皂草素、生物槲皮素、山奈酚 -3-O-β-D-刺槐二糖苷、儿茶素、
β-谷固醇等化合物,具有抗氧化、抗菌等作用。尖叶铁扫帚全株入药,
苦、微寒,可止泻利尿、止血,主治痢疾、遗精、吐血、子宫下垂、甲
状腺肿和心血管等疾病。

金粟兰

金粟兰是被子植物基部类群金粟兰目金粟兰科金粟兰属的一种。又
称珠兰。名出《周之玙树艺书》。

金粟兰生于海拔 200 ～ 1000 米的林中。分布于中国云南、贵州、四川、

福建、广东等地。日本和泰国也有分布。

金粟兰系常绿半灌木。单叶，对生，椭圆形或倒卵状椭圆形，边缘有圆齿状锯齿。叶柄基部微合生，托叶微小，穗状圆锥花序。花小，两性，无花被，黄绿色，极芳香，无梗。雄蕊3，药融合生成一卵状体，中央裂片较大，花药2室，两侧花药1室。雌蕊心皮1，

金粟兰

子房下位，1室，含1枚下垂胚珠。小核果倒卵形。花期4～7月，果期8～9月。

金粟兰花和根状茎可提取芳香油；鲜花用来制茶，称珠兰茶。

柳叶白前

柳叶白前是被子植物真双子叶植物龙胆目夹竹桃科鹅绒藤属的一种。

柳叶白前分布于中国甘肃、安徽、江苏、浙江、湖南、江西、福建、广东、广西和贵州等地。生长于低海拔的山谷湿地、水旁，以至半浸在水中。

柳叶白前系直立半灌木。高可达1米，无毛。根状茎匍匐生，茎单一，直立。单叶对生，有短柄；叶线形或线状披针形，边缘反卷。伞形聚伞花序腋生，小苞片众多。花两性，花萼绿色，5深裂，裂片

卵状披针形，花冠紫色，5
深裂，裂片线形，辐状，内
面具长柔毛，副花冠裂片盾
状，隆肿，比花药为短。雄
蕊 5，与雌蕊合成合蕊柱，
花粉块每室 1 个，长圆形，
下垂。子房上位，2 心皮几

柳叶白前

全分离。花柱 2，在顶端连合成一平盘状柱头，包在花药的薄膜内。
蓇葖果角状，长达 9 厘米；种子多数，顶端有白色细茸毛。花期 5 ～ 8
月，果期 9 ～ 10 月。

柳叶白前全株供药用，有清热解毒、降气下痰之功效；民间用其根
治肺病、小儿疳积、感冒咳嗽及慢性支气管炎等。药名白前。

罗布麻

罗布麻是夹竹桃科罗布麻属多年生野生草本韧皮纤维植物。又称野
麻、夹竹桃麻、漆麻。因在中国新疆罗布泊发现而得名。

罗布麻主要在盐碱荒地和沙漠边缘及河流两岸、冲积平原、河泊周
围及戈壁荒滩上野生分布，现已有引种栽培驯化。

◆ 形态特征

罗布麻直立半灌木。高 1.5 ～ 3 米，一般高约 2 米，最高可达 4 米，
具乳汁；枝条对生或互生，圆筒形，光滑无毛，紫红色或淡红色。叶对
生，仅在分枝处为近对生，叶片椭圆状披针形至卵圆状长圆形，长 1 ～ 5

罗布麻

厘米，宽 0.5～1.5 厘米（最大的达 8 厘米×2.2 厘米），顶端急尖至钝，具短尖头，基部急尖至钝，叶缘具细牙齿，两面无毛；叶脉纤细，在叶背微凸或扁平，在叶面不明显，侧脉每边 10～15 条，在叶缘前网结；叶柄长 3～6 毫米；叶柄间具腺体，老时脱落。圆锥状聚伞花序一至多歧，通常顶生，有时腋生，花梗长约 4 毫米，被短柔毛；苞片膜质，披针形，长约 4 毫米，宽约 1 毫米；小苞片长 1～5 毫米，宽 0.5 毫米；花萼 5 深裂，裂片披针形或卵圆状披针形，两面被短柔毛，边缘膜质，长约 1.5 毫米，宽约 0.6 毫米；花冠圆筒状钟形，紫红色或粉红色，两面密被颗粒状突起，花冠筒长 6～8 毫米，直径 2～3 毫米，花冠裂片基部向右覆盖，裂片卵圆状长圆形，稀宽三角形，顶端钝或浑圆，与花冠筒几乎等长，长 3～4 毫米，宽 1.5～2.5 毫米，每裂片内外均具 3 条明显紫红色的脉纹；雄蕊着生在花冠筒基部，与副花冠裂片互生，长 2～3 毫米；花药箭头状，顶端渐尖，隐藏在花喉内，背部隆起，腹部黏生在柱头基部，基部具耳，耳通常平行，有时紧接或辏合，花丝短，密被白茸毛；雌蕊长 2～2.5 毫米，花柱短，上部膨大，下部缩小，柱头基部盘状，顶端钝，2 裂；子房由 2 枚离生心皮所组成，被白色茸毛，每心皮有胚珠多数，着生在子房的腹缝线侧膜胎座上；花盘环状，肉质，顶端不规则 5 裂，基部合生，环绕子房，着生在花托上。

蓇葖 2，平行或叉生，下垂，箸状圆筒形，长 8 ～ 20 厘米，直径 2 ～ 3 毫米，顶端渐尖，基部钝，外果皮棕色，无毛，有纸纵纹。种子多数，呈卵圆状长圆形，黄褐色，长 2 ～ 3 毫米，直径 0.5 ～ 0.7 毫米，顶端有一簇白色绢质的种毛；种毛长 1.5 ～ 2.5 厘米；子叶长卵圆形，与胚根近等长，长约 1.3 毫米；胚根在上。花期 4 ～ 9 月（盛开期 6 ～ 7 月），果期 7 ～ 12 月（成熟期 9 ～ 10 月）。

◆ **生长习性**

罗布麻生长于河岸、山沟、山坡的沙质地。适应性强，耐旱性特强，并耐盐碱和严寒酷暑。

◆ **繁殖／育种方法**

种子繁殖

选择健壮的无病害的罗布麻植株留其种子。当果实从绿色变为黄色即将开裂时收割，稍加晾晒待果实完全裂开时脱粒，再晾晒 2 ～ 3 天，除净杂质，装入布袋，置于阴凉通风干燥处保存。因种子细小，直接播种不易出苗，应先处理种子。

处理方法：将种子装入布袋，用清水浸泡 24 小时，其间换水 1 ～ 2 次，届时取出摊开，厚度 1 ～ 2 厘米，放在 15℃的地方，盖上潮湿的遮盖物（如麻袋、布袋等），当有 50% 的种子露白即可播种。播种时先将种子拌入 1：10 的清洁细沙，在畦上开沟条播，行距 30 厘米，沟深 0.5 ～ 1 厘米，将种子均匀地撒入沟内，之后覆土 0.5 厘米，稍镇压后浇水，再覆盖草帘或稻草等保湿。待小苗欲出土时在傍晚或多云的天气撤下覆盖物，培育 1 年即可移栽。

根茎繁殖

选取 2 年生以上的罗布麻根茎,切成 10～15 厘米长的小段,按株距 30 厘米、行距 25 厘米开穴,穴深 10～15 厘米,穴口宽 15 厘米,每穴平栽 2～3 个根段,覆土 10 厘米,浇水。华北地区 3 月中旬、东北地区 4 月中旬栽培,30 天左右陆续出苗。

分株繁殖

在罗布麻植株枯萎后或在春季萌动前,将根茎及根从株丛中挖出进行移栽。

◆ 栽培管理

选地与整地

罗布麻对土壤要求不严,但应以地势较高、排水良好、土质疏松、透气性沙质壤土为宜。地势低洼、易涝、易干旱的黏质和石灰质地块不宜栽种。整地前施足底肥,每亩施腐熟厩肥 1000～2000 千克,全面深耕,深 30～40 厘米,耙细、整平,做成畦床,按 8 米 ×1.2 米做畦,畦高 8～18 厘米、宽 30～40 厘米,两畦之间留作业道 40 厘米左右,并在两畦之间增设隔离带,以防止和减少水土流失。

田间管理

当罗布麻苗高 5～6 厘米时应及时清除杂草,并适当松土,每年除草松土 3～4 次,并根据土壤的含水量适时进行灌溉,以促进苗木的生长。当苗高 10 厘米时进行第一次追肥,每亩施氮肥 3～5 千克;6 月下旬至 7 月中旬进行第二次追肥,每亩施磷肥 10 千克、钾肥 5 千克,然后浇水。7 月下旬停止施肥。

病虫害防治

罗布麻在生长期间很少发生病害。病害主要是斑枯病。在生长期间如果发现斑枯病，应立即用 50% 退菌特 600 ～ 800 倍液预防，如需再次施药，应间隔 7 ～ 10 天。要及时清除病株，并在收获时做好清园工作，集中销毁病株，以减少传染源。

◆ **采收与加工**

用种子繁殖的第一年只能在 8 月采收一次，以后每年 6 月和 9 月各采收一次。第一次采收时，在初花期前，距根部 15 ～ 20 厘米割下。第二次从近地处割下全株。割下来的枝条趁鲜摘下片叶，炒制。阴干、晒干后打下叶片，以叶片完整、色绿为佳；鲜枝条可以切成 1 ～ 2 厘米的短段，晒干或阴干。将干燥的叶、短段装入布袋，放于通风干燥处保存。

◆ **价值**

工业价值：罗布麻茎皮是一种良好的纤维原料，纤维品质在野生纤维中属最佳，纤维细长而有光泽，耐湿抗腐，可与棉、毛、丝混纺，也可制纸浆，被誉为"野生纤维之王"。由于罗布麻纤维比苎麻细，单纤维强力比棉花大五六倍，而延伸率只有 3%，较其他麻纤维柔软，它所含纤维素也比其他麻类高，因此是一种优良的纺织纤维材料。用罗布麻纤维精加工纺织而成的服装具有透气性好、吸湿性强、柔软、抑菌、冬暖夏凉等特点。罗布麻布比一般织品耐磨、耐腐性好，吸湿性大，缩水小，是麻织品中很有发展前途的品种。

药用价值：罗布麻叶含罗布麻苷，具有强心、降压、治疗水肿和防治感冒等作用，可以制药。根部亦含有生物碱供药用。

食用价值：罗布麻嫩叶蒸炒揉制后当茶叶饮用，有清凉去火，防止头晕和强心的功用。罗布麻本种花多，美丽、芳香，花期较长，具有发达的蜜腺，是一种良好的蜜源植物。

蔓长春花

蔓长春花是夹竹桃科蔓长春花属蔓性半灌木植物。又称长春蔓。蔓长春花原产于地中海沿岸及美洲，印度等地也有分布。

蔓长春花叶片全缘对生，翠绿光滑而富有光泽。4～5月开蓝色小花，优雅宜人。其变种花叶长春蔓，绿色叶片上有许多黄白色块斑，是一种美丽的观叶植物。

蔓长春花喜温暖湿润，喜阳光也较耐阴，稍耐寒，喜欢生长在深厚、肥沃、湿润的土境中。蔓长春花在中国华东地区多作地被栽培，在半阴湿润处的深厚土壤中生长迅速，枝节间可着地生根，很快覆盖地面。其花叶品种多作盆栽观赏。盆栽时可用园土2份、腐叶土和炉渣各1份混合使用。上盆时，一盆可栽数株，以利快速成形。必要时，还可进行摘心，以促进其分枝繁衍，使株形尽快丰满。对脚叶脱落或茎蔓过长的老株，可短栽回缩，以萌发新枝更新。盆栽后宜放半阴处养护，夏季以给予明亮散射光为宜，避免阳光直晒，并适当喷水

蔓长春花

降温增湿。蔓长春花生长期水分要充足，每月施饼肥 2 ～ 3 次。入冬时要移入室内，放置在温度不低于 0℃ 的环境中即可安然越冬。

蔓长春花繁殖主要采用扦插法，在整个生长期中均可进行。做法是取茎 2 ～ 3 节插于沙或土中，按时浇透水，遮阴，约 10 天就能生根。此外，还可采用分株、压条法繁殖。

蔓长春花既耐热又耐寒，四季常绿，有较强的生命力，是一种理想的地被植物，且花色绚丽，有着较高的观赏价值。

鹿蹄草

鹿蹄草是被子植物真双子叶植物杜鹃花目杜鹃花科鹿蹄草属的一种。

鹿蹄草为中国特有种，除东北、西北和华南地区外，其余各地区均有分布。生长在海拔 700 ～ 4100 米山地针叶林、针阔混交林或阔叶林下。

鹿蹄草系多年生常绿草本状半灌木。根状茎长而横走，斜升，连同花葶高 20 ～ 30 厘米。基生叶 4 ～ 7，叶革质，圆卵形或近圆形，边缘反卷，下面灰蓝绿色。花葶有 1 ～ 2 苞片；总状花序多花密生；苞片舌形，草质；花大，两性，径 1.5 ～ 2 厘米；萼片 5，舌形，长 5 ～ 7.5 毫米，顶端急尖或圆钝；花瓣 5，白色或稍带粉红色；雄蕊

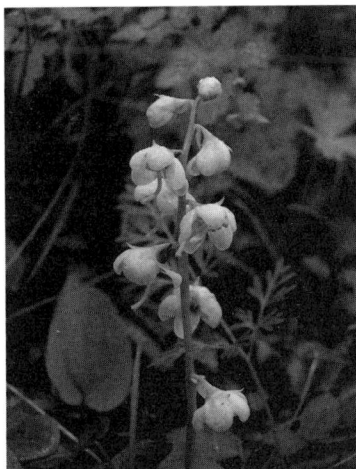

鹿蹄草

10，花药顶孔开裂；心皮 4 ～ 5，合生，4 ～ 5 室或不完全 4 ～ 5 室，子房上位，中轴胎座，胚珠多数，花柱单一；蒴果扁圆球形，5 瓣室背开裂；种子多数，有宽松种皮。花期 6 ～ 7 月，果期 7 ～ 8 月。

鹿蹄草全草可药用，为收敛剂，民间用作补药，治虚痨，止咳，强筋健骨。

四川黄花稔

四川黄花稔是锦葵科黄花稔属多年生直立半灌木。可入药，药名拔毒散。

四川黄花稔植株高约 1 米，全株被星状柔毛。叶互生，异形，下部叶宽菱形或扇形，长宽均 2.5 ～ 5 厘米，先端尖或圆，基部楔形，边缘具 2 齿；茎上部叶长圆状椭圆形或长圆形，长 2 ～ 3 厘米，两端钝或圆，上面疏被糙伏毛或近无毛，下面密被灰色星状茸毛；叶柄长 0.5 ～ 1.5 厘米，被星状柔毛，托叶钻形，短于叶柄。花单生叶腋或簇生枝端。花梗长约 1 厘米，密被星状茸毛，中部以上具节；花萼杯状，长约 7 毫米，5 裂，裂片三角形，疏被星状毛；花冠黄色，径约 1 厘米，花瓣 5，倒卵形，长约 8 毫米；雄蕊柱短于花瓣，被长硬毛；花柱分枝 8 或 9。蒴果近球形，径约 6 毫米，果柄长达 2 厘米；分果片 8 或 9，疏被星状柔毛，具 2 短芒。种子黑褐色，平滑，种脐被白色柔毛。花果期 5 ～ 11 月。

四川黄花稔生长于海拔 300 ～ 2700 米的山坡、路旁、灌丛或疏林下。中国四川、云南、贵州、广西都有分布，多见于果、茶、桑园。

以种子进行繁殖。茎皮含纤维，可用于编织绳索。全草入药，具有调经通乳、解毒消肿之功效，常用于闭经、乳汁不通、乳腺炎、腹泻、痢疾；外用于跌打损伤、痈肿。

塔落木羊柴

塔落木羊柴是豆科羊柴属半灌木或小半灌木。又称羊柴、塔落岩黄芪、塔落山竹子。

塔落木羊柴主要分布于中国陕西榆林和宁夏东部沙地，以及内蒙古的毛乌素沙地、库布齐沙漠东部、乌兰布和沙漠及浑善达克沙地西部。

塔落木羊柴植株高 1 ～ 2 米。茎直立，多分枝，开展。树皮灰黄色或灰褐色，常呈纤维状剥落。小枝黄绿色或灰绿色，疏被平伏的短柔毛，具纵条棱。单数羽状复叶，具小叶 7 ～ 23，上部的叶具少数小叶，中下部韵叶具多数小叶，托叶卵形；长约 2 毫米，膜质、褐色，外面被平伏短柔毛，早落，叶轴长达 22 厘米，被平伏的短柔毛，具纵沟，最上部叶轴有的呈针刺状；小叶具短柄，枝上部小叶疏离，条形或条状矩圆形，长 10 ～ 30 毫米，宽 0.5 ～ 2 毫米，先端尖或钝，具小凸尖，基部楔形，上面密布红褐色腺点，并疏被平伏短柔毛，下面被稍密的短伏毛，枝中部及下部小叶矩圆形、椭圆形或宽椭圆形，长 10 ～ 35 毫米，宽 3 ～ 15 毫米，先端锐尖或钝。总状花序腋生，不分枝或有时分枝，具花 10 ～ 30 朵，结果时延伸，长可达 30 厘米（连同总花梗）；花梗短，长 3 ～ 5 毫米，有毛，苞片甚小，三角状卵形，褐色，有毛；花紫红色，长 15 ～ 20 毫米；花萼钟形，长 4 ～ 5 毫米，被短柔毛，上萼齿 2，三角形，较短，下萼齿 3，较长，锐尖，旗瓣宽倒卵形，顶端微凹，基都渐狭，翼瓣小，长约为旗瓣的 1/3，具较长的耳，龙骨瓣约与旗瓣等长；子房无毛。荚果通常具 1～2 荚节，荚节矩圆状椭圆形，长约 5 毫米，宽约 4 毫米，两面扁平，具隆起的网状脉纹，无毛。花期 6～10 月，果期 9～10 月。

塔落木羊柴根系发达，根蘖力强。生长于流动半流动、半固定及固定的沙地上。有明显的主根，三年生植株的主根深约 1 米，根幅达 9 米左右。人工栽培的根系多由 2～3 条次生直根组成，侧根多而发达，分布于稳定湿沙中。因水分供应状况不同，侧根分为一、二级阶梯式的出现。一级侧根上又长出次级侧根，形成稠密的根系网。上层侧根的萌蘖芽可以形成新的植株。塔落木羊柴在内蒙古伊盟，5 月上旬平均气温达 15℃以上时，冬眠芽开始萌发，6～7 月份生长迅速，7 月份形成花序并开花，8 月份进入盛花期，花期可持续两个月以上，9 月上、中旬种子开始成熟。野生种子成熟程度很不一致，且具较厚果皮，发芽率较低。塔落木羊柴结实丰富，其生长速度一般次于细枝羊柴，但超过黑河蒿和白沙蒿。枝叶繁茂由于枝叶柔嫩，使它的饲用特性得到提高。

塔落木羊柴适生于沙质土壤。作为流动沙地的先锋植物，在沙丘各部位（迎风坡、背风坡和丘间低地）均能正常开花、结实。适应干旱，因在它的叶、叶柄和枝条皆覆有厚密的短茸毛，有助于减少水分的消耗，在缺水时期，部分叶片脱落，以调节水分的收支平衡。它的枝条呈绿色，可于脱叶后仍进行光合作用，补充自身的营养。

羊喜食塔落木羊柴叶、花及果；骆驼终年均喜食塔落木羊柴；开花季节马喜食塔落木羊柴。牧民常采集塔落木羊柴的花补饲羔羊，花期刈制的干草，各类家畜均喜食。粗蛋白质含量高，而粗纤维较少，蛋白质中必需氨基酸含量相当高，大致和紫花苜蓿干草相当，这是营养价值高的主要标志。塔落木羊柴干草产量一般可达 150～250 千克／亩，种子（荚果）亩产 10 千克左右。除饲用外，亦是治沙的优良植物。

细枝羊柴

细枝羊柴是豆科羊柴属半灌木。又称细枝岩黄芪、细枝山竹子。

细枝羊柴分布于中国新疆北部、青海柴达木东部、甘肃河西走廊、内蒙古、宁夏。哈萨克斯坦额尔齐斯河沿河沙丘和蒙古南部亦有分布。

细枝羊柴高 80～300 厘米。茎直立，多分枝，幼枝绿色或淡黄绿色，被疏长柔毛，茎皮亮黄色，呈纤维状剥落。托叶卵状披针形，褐色干膜质，长 5～6 毫米，下部合生，易脱落。茎下部叶具小叶 3～5 对，上部叶通常具小叶 1～2 对，最上部的叶轴完全无小叶或仅具 1 枚顶生小叶；小叶片灰绿色，线状长圆形或狭披针形，长 15～30 毫米，宽 3～6 毫米，无柄或近无柄，先端锐尖，具短尖头，基部楔形，表面被短柔毛或无毛，背面被较密的长柔毛。总状花序腋生，上部明显超出叶，总花梗被短柔毛；花少数，长 15～20 毫米，外展或平展，疏散排列；苞片卵形，长 1～1.5 毫米，具 2～3 毫米的花梗；花萼钟状，长 5～6 毫米，被短柔毛，萼齿长为萼筒的 2/3，上萼齿宽三角形，稍短于下萼齿；花冠紫红色，旗瓣倒卵形或倒卵圆形，长 14～19 毫米，顶端钝圆，微凹，翼瓣线形，长为旗瓣的 1/2，龙骨瓣通常稍短于旗瓣；子房线形，被短柔毛。荚果 2～4 节，节荚宽卵形，长 5～6 毫米，宽 3～4 毫米。

细枝羊柴生长于半荒漠的沙丘或沙地，荒漠前山冲沟中的沙地。抗寒、抗旱、抗风沙、耐热、耐瘠薄能力很强。

细枝羊柴在西北地区普遍被用作优良固沙树种,可直播或飞播造林。根可药用，具有强心、利尿、消肿之功效；幼嫩枝叶为优良饲料，骆驼和马等喜食，其次幼嫩枝叶肥分含量高，木质化程度低，沤制易腐烂，可作绿肥压青，肥田增产。木材为经久耐燃的薪炭；花期长达 4 ～ 5 个月，异花授粉，是很好的蜜源植物。种子为优良的精饲料和油料，含油约 10%，主要脂肪酸成分为亚油酸、油酸、亚麻酸、棕榈酸、硬脂酸等。细枝羊柴还是采麻用纤维植物。

无叶假木贼

无叶假木贼是藜科假木贼属有毒半灌木。又称毒藜、无叶毒藜、木烟。

◆ **地理分布**

无叶假木贼主要分布于中国甘肃西部及新疆各地，尤其在新疆天山南北的沙漠、戈壁普遍分布，并成优势种群。欧洲、中亚及西伯利亚也有分布。

◆ **形态特征**

无叶假木贼高 20 ～ 50 厘米。木质茎多分枝，小枝灰白色，常具环状裂隙；当年枝鲜绿色，分枝或不分枝，直立或斜上；节间多数，圆柱状，长 0.5 ～ 1.5 厘米。叶不明显或略呈鳞片状，宽三角形，先端钝或急尖。花 1 ～ 3 朵，生于叶腋，多于枝端集成穗状花序；小苞片短于花被，边缘膜质；外轮 3 个花被片近圆形，果时背面下方生横翅；翅膜质，扇形、圆形或肾形，淡黄色或粉红色，直立；内轮 2 个花被片椭圆形，无翅或具较小翅；花盘裂片条形，顶端篦齿状。胞果直立，近球形，直径 1.5～2 毫米，果皮肉质，暗红色，平滑。花期为 8～9 月，果期为 10 月。

◆ **生长习性**

无叶假木贼生于海拔 330～1900 米的荒漠、沙丘、戈壁、山坡冲积扇砾石地及干旱山坡。

◆ **毒性与危害**

无叶假木贼全草有毒，毒性与枝条年龄和发育阶段有关，一年生枝条大于多年生枝条，幼嫩枝条大于枯萎枝条。主要有毒成分为阿纳巴辛碱（毒藜碱、假木贼碱）和新烟碱等生物碱。主要引起羊中毒，绵羊中毒较常见。绵羊采食后 10～20 分钟即可出现中毒症状，主要表现为神经症状，初期表现为呼吸困难、抽搐、战栗、呕吐、流涎、瞳孔缩小、极度不安、频频排尿，伴随下痢、瘤胃鼓气；中期表现为步态踉跄、站立时四肢叉开、常常跌倒难以爬起、间歇性或强直性痉挛、弓角反张、心跳加快、节律不齐、眼肌收缩、瞳孔散大；后期表现为体温骤降、四肢变冷、呼吸困难、知觉迟钝呈麻痹状态，多在 10～60 分钟内死亡。

◆ **防控技术**

在无叶假木贼集中发生区域，可采用人工挖除，减少其生长和蔓延，同时补播优良牧草，恢复挖除破坏草地。选择补播草种要以旱生、超旱生草种为主。同时，应加强草原管理，禁止在无叶假木贼发生区放牧空腹饥饿羊群，避免饥饿采食引起中毒。牲畜无叶假木贼中毒无特效解毒药，只能采取一般解毒治疗和对症治疗。发病后迅速大剂量注射硫酸阿托品有效，绵羊每只每次 5～10 毫克，皮下注射，每隔 1 小时重复注射 1 次，直到神经症状缓解为止。同时采取强心、补液、镇静等对症治疗。

◆ 其他用途

无叶假木贼所含毒藜碱对蚊虫、昆虫等有触杀、胃毒和熏杀作用，可为植物源性杀虫剂开发利用。无叶假木贼抗逆性强、耐干旱、耐盐碱，是优良的防风固沙物种，对荒漠半荒漠地区草原植被恢复具重要生态学价值。

兴安胡枝子

兴安胡枝子是豆科胡枝子属多年生草本状半灌木。又别称达乌里胡枝子、牤牛茶、牛枝子等。

◆ 分布

兴安胡枝子在中国主要分布于东北、华北、西北、华中和云南等地区的森林草原地带，陕北黄土高原地带是其分布的几何中心和多度中心；在落叶阔叶林地区，水土流失严重和土壤贫瘠地段也常是形成次生群落的重要部分。

◆ 形态特征

兴安胡枝子高 30～100 厘米。兴安胡枝子属于直根系植物，有一条较粗壮的主根，根系发达，地下主要集中在 0～30 厘米土层。茎斜上升，6～13 个簇生，茎基部直径 0.25～0.45 厘米，密被软柔毛，有时无毛。羽状三出复叶，复叶面积 15.7～20.5 平方厘米，叶柄长 0.5～2.0 厘米；小叶披针状长圆形，长 2.0～5.0 厘米，宽 0.8～1.4 厘米，先端圆钝，有 0.1～0.2 毫米的短刺尖，基部圆形，全缘；

兴安胡枝子

总状花序，腋生，较小叶短或等长，总花序轴密被短柔毛；小苞片披针状线形，有毛。花萼筒状，萼齿 5，披针形，几乎与花瓣等长，有白色柔毛；花冠白色或黄白色，旗瓣长圆形，翼瓣长圆形，较短，先端钝，龙骨瓣长于翼瓣，先端圆形。荚果，5～13 个簇生，单个荚果小而扁平，包于宿存萼内，倒卵形或长倒卵形，长约 4 毫米，宽约 2 毫米，伏生白色柔毛，内含 1 粒种子。种子卵形，长约 2 毫米，光滑，绿黄色或褐色，千粒重 2.0 克。花期 7～8 月，果期 9～10 月。

◆ 生长习性

兴安胡枝子耐旱、耐贫瘠、适应性广，喜温暖、半干燥气候和排水良好且富含钙质的土壤。适宜在半干旱、半湿润地区，或者 ≥10℃ 年积温 1700～4500℃·日或年降水量 300～700 毫米的地区生长。最适生长温度 20～25℃，幼苗能耐 3～4℃ 的低温，在 -30～-20℃ 的低温条件下一般都能越冬。对土壤要求不严，除重黏土、过酸过碱的土壤及低洼内涝地外，其他土壤均能种植，最适宜的土壤 pH 范围 7～8。在生长期间最忌积水，种植地块要求排水良好，且地下水位应在 1 米以下。

春季解冻后日平均温度在 3 ～ 5℃时，兴安胡枝子开始萌发返青，返青初期生长缓慢；气温上升至日均温度 10℃左右时开始分枝，分枝期生长加快。

兴安胡枝子枝条斜生，苗高 20 ～ 30 厘米时出现分枝，当年生植株分枝 4 ～ 10 个，翌年分枝 6 ～ 13 个簇生。一级分枝平均为 2.8 个，二级分枝平均为 26.0 个，生殖枝为 24.8 个，生殖枝所占比率为 95.4%。枝条集中到 0 ～ 3 厘米处，占总枝条量的 81.07% ～ 90.24%，再向上枝条的比例减少。

兴安胡枝子有闭花受精现象。花序位于枝条中上部，每个花序有小花 6 ～ 18 朵，一级分枝和二级分枝均着生花序，一级分枝花序着生于距地面 20 ～ 30 厘米处至顶端，二级分枝从基部的第一个叶腋至顶端均有花序分布，二级分枝花序数是一级分枝的 1.5 倍。开花时间一般在 8 月上旬，持续时间为 10 ～ 30 天，花由基部依次向顶端开放。一天中，晴天 7:00 开始开放，10:30 ～ 11:30 进入高峰，到 13:30 后不再开放；12:30 开始闭合，15:30 ～ 16:00 达到高峰，陆续到 18:00 全部闭合。

兴安胡枝子 5 ～ 13 个荚果簇生，种子成熟前在果实的保护下生长发育，荚果不易开裂，因此在播种前最好将果皮处理，使种子外露容易发芽。生殖枝多、花序小花数多，以及具有较高结实率。生殖枝率为 95.4%，结荚率为 82.0%，种子成熟率较低，为 38.0%，播种当年的种子不易成熟。种子具有明显的落粒性和硬实性，与生长地区、收获时间和贮藏时间有很大关系，早于黄熟前期收获硬实率都比较高。

◆ **栽培管理**

选地与整地

选择排水良好、土层深厚、中性或微碱性沙壤土或壤土地块，低洼易涝的土壤不宜种植兴安胡枝子。前茬作物最好为禾本科类作物，忌与豆科作物连播连作。土壤翻耕前清除杂草、石块等杂物，耕地深度应在20厘米以上，耕后耙平，要求地面平整，土块细碎细匀，无根茬，无坷垃，耕层达到上虚下实。春旱地区利用荒废地种植时，土壤要秋翻，来不及秋翻的则要早春翻，以防失水跑墒。无论春翻还是秋翻，翻后都要及时耙地和压地。有灌溉条件的地方，翻后尚应灌足底墒水，以保证发芽出苗良好。

在地面有残茬覆盖，或在土层较薄、坡度较大的撂荒地或天然草地，可用免耕机播种或直接播种后结合家畜踩踏覆盖。播种前应结合整地施用底肥。基肥应以厩肥为主，多施磷、钾肥，少施氮肥。

种子处理

播种种子要求品质纯净、发芽率高、发芽势好，因而播种前可采取热水浸泡、硫酸浸种及摩擦种皮的办法来提高发芽率。带壳种子，用石碾掺粗沙碾去壳，或用去壳机去掉壳以利于播种和萌发。播种前要进行硬实种子处理，用石碾拌粗沙擦伤种皮，或者70℃左右的温水浸泡10分钟，或者浓硫酸处理5分钟后立即冲洗同样可打破硬实种子，浸泡后置阴凉处隔数小时翻动1次，种子不黏结后即可播种。

播种前种子进行根瘤菌接种处理，可以选用豇豆族的根瘤菌进行拌种或包衣处理，也可取老茬胡枝子属耕作层 10 ～ 20 厘米湿土 20 ～ 30 千克，播种前结合整地均匀播入土壤，以达到根瘤接种的作用。

播种

播种量根据种子发芽率和净度确定，正常播种量为 22.5 ～ 30 千克/公顷。生产实际当中根据整地情况、墒情、土壤肥力来确定，生产条件好的地块可少播，生产条件差的地块可多播。春播、夏播和秋播均可，春播最佳时期一般为 4 月上旬至 5 月上旬，秋播最晚为 8 月中旬。在干旱地区旱作栽培，最迟不得晚于 7 月下旬。在荒草地种植，最好清除杂草后再播种。播种方式单播、混播均可，常与无芒雀麦、老芒麦、本氏针茅等禾本科牧草混播。播种方法条播、撒播和穴播均可。以条播为主，混播时同行播种、间行播种、交叉播种均可，条播行距 30 ～ 40 厘米，播种后适当镇压。根据土壤质地和墒情而定，一般情况下播种深度 2 ～ 3 厘米，沙性土壤不超过 3 厘米，黏性土壤要控制在 2 厘米以内。干旱多风地区播后要及时进行镇压。

田间管理

兴安胡枝子田间管理包括除草、追肥、灌溉等。苗期生长缓慢，易受杂草危害，夏、秋季节也易受杂草侵袭。苗期（返青期）及每次收割后结合中耕、松土、追肥等措施人工清除杂草。秋播田杂草的危害轻于春播和夏播，可以秋播的地区尽量选择秋播。合理轮作，前茬作物选择小麦、玉米、谷子等中耕作物，降低土壤种子库中杂草的数量，从而减轻杂草的危害。

兴安胡枝子生长期适时追肥，追肥以磷肥、钾肥为主，一般追施磷肥（P_2O_5）45～60 千克/公顷、钾肥（K_2O）60～75 千克/公顷。追肥在返青或收割后条施或穴施，有灌溉条件的地方最好结合灌溉进行。

在旱作条件下栽培，但有条件的地块灌溉可提高产量，灌水量 1200～2400 吨/公顷，每年灌溉 2～4 次。播种前、苗期（返青期）、收割后和越冬前可视土壤墒情进行灌水。

病虫害防治

兴安胡枝子病虫害防治按照"预防为主，综合防治"的方针，坚持"农业防治、物理防治、生物防治为主，化学防治为辅"的无害化控制原则防治。选用抗（耐）病虫优良品种，播前种子应进行消毒处理。增施磷、钾肥，增强抗病虫害能力。实行轮作倒茬，返青前或每茬收割后及时消除病株残体，降低病虫源数量。采用黄板诱杀，黄板用量 450～600 块/公顷，当黄板粘满蚜虫时再涂一层机油。有条件时利用高压汞灯或诱杀剂诱杀害虫。采取化学防治时，禁止使用国家明令禁止的高毒、剧毒、高残留的农药及其混配农药品种。严格遵守安全间隔期，收割前 10 天应停止使用农药，确保草产品安全。

◆ 收割与加工

兴安胡枝子最佳收割时期一般在现蕾期至初花期。越冬前最后一次收割时间应控制在停止生长或霜冻来临前的 45 天，有利于越冬和第二年高产。春播当年可收割 1 次，夏播、秋播当年不收割。从第二年开始每年可收割 2～4 次，收割次数与无霜期密切相关。刈割留茬高度一般为 7～8 厘米，越冬前最后一次刈割留茬大于 10 厘米。

应选晴好天气刈割，收割后就地晾晒，每 12～24 小时翻动 1 次，待水分减至 50% 左右时集成小堆，在晴天阳光下晾晒 2～3 天，含水量在 14%～18% 时，堆积、打捆贮存。青贮调制单贮、混合青贮均可。收割后集成 1～1.5 米宽的草垄，通过翻晒使含水量降到 45%～60% 时，将萎蔫的部分运到青贮地点，铡成 2～3 厘米长的草段添加青贮添加剂（玉米粉、糖蜜有机酸、乳酸菌剂、酶制剂等），装窖，压实，装满后密封、覆盖。或用捡拾打捆机打捆，随后用包裹机裹膜。可与饲用玉米、苏丹草、甜高粱、无芒雀麦等禾本科牧草或饲料作物按一定比例混合青贮，有利于青贮成功。

◆ **利用价值**

具有优良的饲用价值，其鲜嫩茎叶是草食性动物等牲畜的优质青饲料。因其叶含有较高的蛋白质，也可以作为高蛋白质的饲料添加剂，具有很高的营养价值。开花前为各种家畜所喜食，尤其马、牛、羊、驴最喜食，盛花期也喜食。开花后茎枝木质化，质地粗硬，适口性大大下降，故利用宜早，迟于开花期，家畜采食较差。最佳利用时期为现蕾以前，株高 40 厘米左右，可放牧也可刈制干草。一般第一茬收割调制干草，再生草以放牧牛羊为主。冷凉地区可以放牧利用为主，草地建植第一年和第二年应轻度放牧，第三年后可适当增加放牧强度，但严禁过牧。第一次放牧的适宜时间在分枝到现蕾期，以后各次应在草层高 15～20 厘米时放牧。干草主要用于饲喂牛和羊。干草干物质日采食量通常为牛体重的 1.5%～2%、羊体重的 2%～2.5%。青贮经过 45 天的发酵后方可饲喂利用，饲喂时最好与精料、玉米青贮饲料和干草进行充分搅拌，制成"全混合日粮"。开始饲喂时少喂一些，以后逐渐增加到足量。青贮饲料应随取随喂，严禁饲喂霉烂或变质的青贮饲料。兴安胡枝子含有浓缩单宁，可以在反刍家畜瘤胃中起保护蛋白的作用，有助于消除膨胀的发生。

兴安胡枝子的药用价值在《救荒本草》《分类草药性》《滇南本草》中就有记载，地上部分含异夏佛塔雪轮苷、牡荆素、异牡荆素、异牡荆素-2″-吡喃木糖苷、香叶木素-7-O-吡喃葡萄糖苷、异鼠李素-3-O-芸香糖苷、异荭草素、异荭草素-2-吡喃木糖苷、香叶木素、木樨草素、表儿茶素、山奈酚、槲皮素和芦丁等多种黄酮类化合物，以及香荚兰酸和β-谷甾醇等有机酸和甾体类化合物。其根或全草可入药，味辛，性温。解表散寒，主治感冒发烧、咳嗽。

本书编著者名单

编著者 （按姓氏笔画排列）

于应文	于晓南	万雪琴	王　森	王　雁
王小平	王玉忠	王连春	王贤荣	王彦荣
古　力	石　瑛	冉进华	包满珠	朱再标
刘　勐	刘　震	刘云礼	刘全儒	祁永会
孙宪芝	孙操稳	李　慧	李吉跃	李雪霞
杨亲二	肖兴翠	吴友根	吴福川	张　彬
张文颖	张正社	张志翔	张重义	张敬丽
陈　昕	陈发棣	陈宇航	范志伟	季鹏章
周世良	单章建	房伟民	赵　祥	赵世伟
赵宝玉	姜清彬	贾忠奎	贾黎明	夏念和
顾红雅	徐福荣	高　媛	高　鹏	郭　媛
郭巧生	郭信强	曹　兵	梁艳丽	彭祚登
董诚明	覃海宁	傅小鹏	童毅华	靳瑰丽
缪剑华	魏晓新			